Renzo De Renzi

L'efficienza energetica degli edifici pubblici e privati

Copyright © 2016 Renzo De Renzi. Tutti i diritti riservati.
http://www.renzoderenzi.it

ISBN: 978-1-326-64739-1

Stampato e distribuito da Lulu Press, Inc.
3101 Hillsborough Street
Raleigh, NC 27607 – U.S.A.
http://www.lulu.com

È vietata la riproduzione, anche parziale, dell'opera, in ogni forma e con ogni mezzo, inclusi la fotocopia, la registrazione e il trattamento informatico, senza l'autorizzazione dell'autore. I diritti di traduzione, di memorizzazione elettronica, di riproduzione e di adattamento anche parziale, con qualsiasi mezzo, sono riservati per tutti i Paesi.

I edizione: maggio 2016

INDICE

Introduzione 1
1   Richiami di fisica tecnica 4
    1.1   Concetti base 4
    1.2   Calcolo della resistenza termica di intercapedini d'aria non ventilate..................................9
    1.3   Calcolo della resistenza termica di intercapedini d'aria fortemente ventilate 10
    1.4   Calcolo della resistenza termica di intercapedini d'aria debolmente ventilate 11
    1.5   Calcolo della trasmittanza termica dei pavimenti controterra 11
    1.6   Calcolo della trasmittanza termica dei pavimenti su intercapedine ventilata naturalmente con aria esterna 13
    1.7   Calcolo della trasmittanza termica dei pavimenti su intercapedine ventilata meccanicamente 15
    1.8   Calcolo della trasmittanza termica dei pavimenti su intercapedine non ventilata 16
    1.9   Calcolo della trasmittanza termica dei pavimenti controterra e delle pareti esterne dei piani interrati riscaldati 16
    1.10 Calcolo della trasmittanza termica dei piani interrati non riscaldati 18
    1.11 Calcolo della trasmittanza termica dei piani interrati parzialmente riscaldati 18
    1.12 Calcolo della trasmittanza termica dei serramenti vetrati e dei componenti trasparenti non apribili 19
    1.13 Calcolo della trasmittanza termica delle porte 27
    1.14 La massa superficiale (M_S) 28
    1.15 La trasmittanza termica periodica (Y_{IE}) 28
2   Il fabbisogno di energia termica dell'edificio 30
    2.1   L'edificio e le zone termiche 30
    2.2   Durata del periodo di riscaldamento 31
    2.3   Durata del periodo di raffrescamento...32
    2.4   Determinazione del fabbisogno di energia termica dell'edificio per la climatizzazione invernale ed estiva 33
    2.5   Il fattore di riduzione per ombreggiatura 44
    2.6   Calcolo della temperatura in un ambiente non climatizzato adiacente ad un ambiente climatizzato 46
    2.7   Edifici nei quali si ha solo ventilazione naturale 46
    2.8   Edifici nei quali si ha solo ventilazione meccanica 55
    2.9   Edifici nei quali si ha ventilazione ibrida...59
    2.10 Edifici nei quali la ventilazione meccanica è assicurata dall'impianto di climatizzazione .60
    2.11 Ventilazione notturna (free-cooling)...61
    2.12 Calcolo della portata di ventilazione con scopi differenti da quelli standard o di progetto.61
    2.13 Calcolo degli apporti di energia termica dovuti a sorgenti interne (Q_{int}) 62
    2.14 Le serre solari 64
    2.15 Calcolo degli apporti di energia termica dovuti alla radiazione solare incidente sui componenti vetrati ($Q_{sol,w}$) 69
    2.16 Calcolo degli apporti di energia termica dovuti alla radiazione solare incidente sui componenti opachi ($Q_{sol,op}$)..73
    2.17 Elementi opachi dell'involucro con isolamento esterno trasparente 75
    2.18 Muro di Trombe-Michel 78

2.19 Elementi di involucro ventilati..82
2.20 Extra flusso termico per radiazione infrarossa verso la volta celeste 83
2.21 Il fattore di utilizzazione degli apporti di energia termica ($\eta_{H,gn}$)..........................84
2.22 Il fattore di utilizzazione delle dispersioni di energia termica ($\eta_{C,ls}$) 87
2.23 Superfici da considerare nel calcolo della capacità termica interna 88
2.24 Determinazione del fabbisogno di energia termica per la produzione di acqua calda sanitaria 89
2.25 Determinazione dei fabbisogni di energia termica per umidificazione e deumidificazione 92

3 Il fabbisogno di energia primaria dell'edificio 95
   3.1 Rapporto fra energia termica ed energia primaria 95
   3.2 Il calcolo del fabbisogno di energia primaria..96
   3.3 I terminali di emissione 98
   3.4 Perdite di emissione 100
   3.5 Perdite di regolazione..105
   3.6 Perdite di distribuzione 109
   3.7 La trasmittanza termica lineare 113
   3.8 Perdite dei serbatoi di accumulo 119
   3.9 Perdite di generazione...120
   3.10 Gli ausiliari elettrici dell'impianto di riscaldamento 122
   3.11 Gli ausiliari elettrici dell'impianto di raffrescamento...128
   3.12 Gli ausiliari elettrici dell'impianto di ventilazione 132
   3.13 Gli ausiliari elettrici del sottosistema di distribuzione di acqua calda sanitaria 134
   3.14 Il fabbisogno di energia elettrica per l'illuminazione 136
   3.15 Calcolo dei fabbisogni di energia primaria nel caso di presenza di impianti comuni a più unità immobiliari 141
   3.16 Il fabbisogno di energia elettrica degli ascensori, dei montacarichi e dei montauto 141
   3.17 Il fabbisogno di energia elettrica dei montascale e delle piattaforme elevatrici...............144
   3.18 Il fabbisogno di energia elettrica di scale e marciapiedi mobili 147

4 Ponti termici...151
   4.1 Definizione di ponte termico e metodi di calcolo 151

5 L'edificio di riferimento...159
   5.1 Il concetto di edificio di riferimento 159
   5.2 Parametri dei componenti opachi e trasparenti dell'edificio di riferimento 159
   5.3 Caratteristiche degli impianti dell'edificio di riferimento 162
   5.4 Il fabbisogno energetico di illuminazione dell'edificio di riferimento 164
   5.5 Il fabbisogno energetico di ventilazione dell'edificio di riferimento 164

6 La relazione tecnica ai sensi della legge 10/1991 166
   6.1 La relazione tecnica ai sensi della legge 10/1991 e l'Attestato di Qualificazione Energetica 166
   6.2 Prescrizioni comuni per gli edifici di nuova costruzione, gli edifici oggetto di ristrutturazioni importanti o gli edifici sottoposti a riqualificazione energetica 168
   6.3 Requisiti minimi e prescrizioni in caso di nuova costruzione, demolizione e ricostruzione, ampliamento, sopraelevazione e ristrutturazione importante di primo livello................172
   6.4 Requisiti minimi e prescrizioni in caso di ristrutturazione importante di secondo livello o di riqualificazione energetica 178
   6.5 La differenza tra ristrutturazione importante e rilevante 180

- 6.6 Obblighi di integrazione delle fonti rinnovabili per i nuovi edifici, per quelli sottoposti a ristrutturazione importante di primo livello o ristrutturazione rilevante 181
- 6.7 Requisiti per generatori di calore a combustibile liquido e gassoso 183
- 6.8 Requisiti per pompe di calore e macchine frigorifere 184
- 6.9 Requisiti e prescrizioni per la riqualificazione di impianti termici di potenza nominale del generatore maggiore o uguale a 100 kW 186
- 6.10 Requisiti e prescrizioni per la riqualificazione di impianti di climatizzazione invernale .. 187
- 6.11 Requisiti e prescrizioni per la riqualificazione di impianti di climatizzazione estiva 188
- 6.12 Requisiti e prescrizioni per la riqualificazione di impianti tecnologici idrico-sanitari 189
- 6.13 Requisiti e prescrizioni per la riqualificazione di impianti di illuminazione 189
- 6.14 Requisiti e prescrizioni per la riqualificazione di impianti di ventilazione 189
- 6.15 Edifici a energia quasi zero (NZEB - Nearly Zero Energy Building) 190

7 La classificazione energetica dell'edificio 191
- 7.1 La scala di classificazione 191
- 7.2 Altri indicatori presenti nell'APE 193
- 7.3 Edifici senza impianti di climatizzazione invernale e/o di produzione di acqua calda sanitaria 195
- 7.4 Casi di esclusione dall'obbligo di dotazione dell'APE 195

Appendice A: Individuazione della zona climatica e dei gradi giorno (art. 2 DPR 26 agosto 1993 n. 412) 197

Appendice B: Valori di temperatura interna 199

Appendice C: Classificazione generale degli edifici per categorie (art. 3 DPR 26 agosto 1993, n. 412) 202

Appendice D: Limiti di esercizio degli impianti termici per la climatizzazione invernale (art. 4 DPR 16 aprile 2013, n. 74) 204

Appendice E: Misurazione e fatturazione dei consumi energetici (art. 9 D.Lgs. 4 luglio 2014, n. 102) 207

BIBLIOGRAFIA 214

Introduzione

La guerra del Kippur, anche conosciuta come IV guerra arabo-israeliana, fu un conflitto combattuto dal 6 al 25 ottobre 1973 tra Israele e una coalizione formata dall'Egitto e dalla Siria. Ebbe inizio il giorno che gli Ebrei chiamano Yom Kippur ("Giorno dell'espiazione"), nel quale Egitto e Siria lanciarono un attacco congiunto a sorpresa nel Sinai e nelle alture del Golan, territori conquistati sei anni prima da Israele durante la guerra dei sei giorni. Gli Egiziani e i Siriani avanzarono durante le prime 24-48 ore, dopo le quali la situazione cominciò a entrare in una fase di stallo per poi volgere a favore di Israele. La guerra fu combattuta anche nel Mar Rosso, dove fu imposto un blocco navale che impedì il transito alle navi di Israele e dei suoi alleati. Questo blocco interruppe le forniture di petrolio che passavano dal porto di Eilat e per la prima volta tutti i paesi occidentali si scoprirono vulnerabili a causa della propria dipendenza da esso. In Italia venne così promulgata la legge 30 aprile 1976, n. 373, recante "Norme per il contenimento del consumo energetico per usi termici negli edifici", che introdusse concetti moderni in tema di progettazione degli impianti e isolamento termico degli edifici. Pochi anni più tardi fu promulgata la legge 29 maggio 1982, n. 308, il cui scopo era quello di incentivare lo sviluppo delle fonti rinnovabili di energia mediante l'erogazione di contributi a fondo perduto fino al 30% della spesa di investimento documentata e con un limite di 15 milioni di lire per richiesta, pari a 7.746,85 euro. Purtroppo la legge 308 delegava alle regioni l'erogazione dei contributi e per vari motivi la maggior parte delle somme stanziate non fu utilizzata. Nello stesso periodo l'Ente nazionale per l'energia elettrica promosse la campagna "Acqua calda dal sole", che portò all'installazione, in tutto il paese, di 100.000 m^2 di collettori solari per la produzione di acqua calda sanitaria, tuttavia la maggior parte degli impianti aveva un rendimento inferiore alle attese a causa della scarsa qualità dei componenti utilizzati.

Il 16 gennaio 1991 sulla Gazzetta Ufficiale n. 13 fu pubblicata la legge 9 gennaio 1991, n. 10, comunemente chiamata "legge 10", che rappresenta una pietra miliare per la politica di risparmio energetico in Italia. La legge 10 attualmente in vigore, con tutte le modifiche e integrazioni apportate negli anni, impone norme per il contenimento dei consumi di energia negli edifici pubblici e privati, per lo sviluppo delle fonti rinnovabili e per l'esercizio e la manutenzione degli impianti esistenti. La dipendenza dalle fonti di energia fossile e l'aumento delle emissioni di gas serra portarono anche il Parlamento europeo e il Consiglio ad approvare una serie di provvedimenti per diminuire il consumo di energia attraverso il miglioramento dell'efficienza energetica negli edifici, a tal proposito la direttiva 2002/91/CE, anche nota come direttiva EPBD ("Energy Performance of Buildings Directive"), è stata la prima concernente il rendimento energetico in edilizia. Gli obiettivi erano la diminuzione entro il 2010 del 22% dei consumi energetici comunitari, un risparmio di energia primaria pari a 55 milioni di tep[1] (tonnellate equivalenti di petrolio) e una riduzione di 100 milioni di tonnellate di emissioni di CO_2. Gli obiettivi sono stati in gran parte raggiunti e una più recente direttiva, la 2010/31/CE, ha ripreso e sostituito la 2002/91/CE, indicando il 31 dicembre 2020 come data ultima in cui tutti gli edifici privati di nuova costruzione siano a energia "quasi" zero, ossia con un fabbisogno energetico molto basso o quasi nullo, che deve essere coperto in misura molto significativa da fonti rinnovabili, compresa l'energia da fonti rinnovabili prodotta in loco o nelle vicinanze. Per gli edifici pubblici la data ultima è invece il 31 dicembre 2018. In Italia la direttiva europea 2002/91/CE ha prodotto, a livello nazionale, il decreto legislativo 19 agosto 2005, n. 192, le successive disposizioni correttive e integrative introdotte con il decreto legislativo 29 dicembre 2006, n. 311, e quattro decreti attuativi:

- DPR 2 aprile 2009, n. 59;
- DM 26 giugno 2009;
- DPR 16 aprile 2013, n. 74;
- DPR 16 aprile 2013, n. 75.

Negli anni passati alcune regioni e province autonome avevano già legiferato in materia e, secondo quanto previsto dall'art. 17 del D.Lgs 192/2005 (la c.d. "clausola di cedevolezza"), il regolamento locale prevaleva su quello nazionale. In seguito la legge 3 agosto 2013, n. 90, ha recepito la direttiva 2010/31/UE, apportando modifiche al D.Lgs. 192/2005, e nella Gazzetta Ufficiale della Repubblica Italiana n. 162 del 15 luglio 2015 (Supplemento Ordinario n. 39) sono stati pubblicati i tre decreti attuativi emanati dal Ministro dello Sviluppo Economico:

---

[1] La tonnellata equivalente di petrolio è un'unità di misura di energia e rappresenta la quantità di energia rilasciata dalla combustione di una tonnellata di petrolio grezzo. Vale circa 42 GJ ma questo valore è fissato convenzionalmente, dato che diverse varietà di petrolio posseggono diversi poteri calorifici.

- DM 26 giugno 2015 - Applicazione delle metodologie di calcolo delle prestazioni energetiche e definizione delle prescrizioni e dei requisiti minimi degli edifici. (chiamato brevemente decreto *requisiti minimi*);

- DM 26 giugno 2015 - Schemi e modalità di riferimento per la compilazione della relazione tecnica di progetto ai fini dell'applicazione delle prescrizioni e dei requisiti minimi di prestazione energetica negli edifici. (chiamato brevemente decreto *relazioni tecniche*);

- DM 26 giugno 2015 - Adeguamento del decreto del Ministro dello Sviluppo economico, 26 giugno 2009 - Linee guida nazionali per la certificazione energetica degli edifici. (chiamato brevemente decreto *linee guida*).

Per promuovere l'uso dell'energia da fonti rinnovabili, il Parlamento europeo e il Consiglio hanno emanato inoltre la direttiva 2009/28/CE, che modifica e abroga le precedenti direttive in materia, la 2001/77/CE e la 2003/30/CE, creando un quadro comune per l'utilizzo di energie rinnovabili in modo da ridurre le emissioni di gas serra e promuovere trasporti più puliti. In Italia è stata recepita con il decreto legislativo 3 marzo 2011, n. 28.

La massima efficienza energetica di un edificio si ottiene quando viene posta come obiettivo primario fin dal progetto, tuttavia le recenti tecnologie permettono di recuperare e riqualificare anche il patrimonio edilizio esistente, con ottimi risultati. Lo scopo di questo testo è quello di fornire a progettisti e certificatori un utile strumento di supporto alle procedure di analisi e di calcolo dei fabbisogni energetici degli edifici per valutazioni sul progetto (tipo A1) o standard (tipo A2), tenendo conto degli aggiornamenti introdotti dalle norme UNI/TS 11300 e UNI 10349 pubblicate a marzo 2016. Nella valutazione sul progetto i calcoli vengono effettuati sulla base dei dati di progetto, invece nella valutazione standard sulla base dei dati reali dell'edificio e degli impianti installati. In entrambi i casi per le modalità di occupazione e di utilizzo si assumono valori convenzionali di riferimento dettati dalle norme tecniche. Le unità di misura delle grandezze presenti nelle equazioni e nelle formule sono sempre indicate tra parentesi quadre, ad esclusione di quelle adimensionali dove tale notazione è assente.

1 Richiami di fisica tecnica

1.1 Concetti base

La fisica tecnica è una disciplina che studia le trasformazioni dell'energia e le sue interazioni con la materia, nonché numerose applicazioni pratiche in vari settori dell'ingegneria. L'aggettivo "tecnica" serviva in passato a distinguerla da altri settori della fisica, come elettromagnetismo e ottica, più comuni nell'ambito accademico o puramente di laboratorio. Nel tempo questa distinzione è venuta meno perché oggi anche le applicazioni pratiche derivate da elettromagnetismo e ottica sono molto diffuse. La parte della fisica tecnica che si occupa del trasferimento di calore all'interno di un corpo o fra corpi diversi è detta termocinetica e ha le sue basi nel secondo principio della termodinamica, la cui formulazione equivalente di Rudolf Clausius, fisico e matematico tedesco vissuto nel XIX secolo, recita:

«È impossibile realizzare una trasformazione il cui unico risultato sia quello di trasferire calore da un corpo più freddo a uno più caldo senza l'apporto di lavoro esterno.»

Infatti il flusso termico all'interno di un corpo non isotermo, ossia che non presenta temperatura costante, avviene sempre dalle regioni a temperatura più alta a quelle a temperatura più bassa finché non viene raggiunto l'equilibrio termico, ed è proporzionale al gradiente di temperatura[2]. Per descrivere il trasferimento di calore nei materiali da costruzione introdurremo tra poco tre grandezze fisiche fondamentali: conducibilità termica, resistenza termica e trasmittanza termica, le cui unità di misura sono derivate dalle seguenti: il watt [W] (unità di misura della potenza[3]), il metro [m] (unità di misura della lunghezza) e il kelvin [K] (unità di

---

[2] Il gradiente di temperatura è una quantità fisica utilizzata per descrivere la direzione e l'intensità delle variazioni di temperatura.

[3] In fisica la potenza è definita operativamente come l'energia trasferita nell'unità di tempo.

misura della temperatura). Il watt a sua volta deriva da altre unità di misura, come indicato nell'equazione seguente:

$$W = \frac{J}{s} = \frac{kg \times m^2}{s^3}$$

dove, oltre a quelle già definite, c'è il joule [J] (in termodinamica è l'unità di misura del calore), il chilogrammo [kg] (unità di misura della massa) e il secondo [s] (unità di misura del tempo).

La **conducibilità** o **conduttività termica** (λ) è una grandezza fisica che esprime l'attitudine di un materiale a trasmettere il calore e si definisce come la "quantità di calore che in regime stazionario passa attraverso una superficie di materiale di dimensioni 1 metro quadrato avente spessore di 1 metro, quando tra le due facce opposte e parallele vi è una differenza di temperatura di 1 K (1 kelvin)". La conducibilità termica dipende solo dalla natura del materiale, non dalla sua forma, e maggiore è il valore di λ, meno isolante è il materiale. La sua unità di misura è W/mK. Il valore da utilizzare è quello presente nella documentazione di accompagnamento della marcatura CE del materiale, eventualmente corretto in base a particolari condizioni d'opera, come indicato nella norma UNI EN ISO 10456:2008. Questa norma non fornisce coefficienti di correzione per l'effetto dell'invecchiamento o altri effetti quali la convezione o il costipamento, che tuttavia possono essere presenti nelle norme specifiche di materiale. Per materiali già in opera di cui non si conoscono le caratteristiche possono essere utilizzati valori generici di λ contenuti nella norma UNI 10351:2015 o nella UNI EN ISO 10456:2008, eventualmente maggiorati come indicato al punto 5 della norma UNI 10351:2015. La norma UNI 10351:2015 integra quanto non presente nella UNI EN ISO 10456:2008.

La **resistenza termica** (R) è una grandezza fisica che indica la difficoltà del calore nell'attraversare un mezzo solido, liquido o gassoso ed è definita come il rapporto tra lo spessore s (espresso in metri) dello strato considerato e la sua conducibilità termica λ, come indicato nella formula seguente:

$$R = s/\lambda$$

La sua unità di misura è m^2K/W. Se un componente edilizio è formato da più strati di materiale omogeneo, la resistenza termica si ottiene dall'equazione seguente:

$$R = \frac{s_1}{\lambda_1} + \frac{s_2}{\lambda_2} + \cdots + \frac{s_n}{\lambda_n} \qquad (1)$$

Nei calcoli intermedi si devono utilizzare almeno tre decimali. Se un materiale è comprimibile e messo in opera compresso, bisogna utilizzare lo spessore in opera e considerare le tolleranze. Le resistenze termiche di murature e solai devono essere ricavate dalla documentazione di accompagnamento della marcatura CE, se disponibili, oppure per materiali già in opera di cui non si conoscono le caratteristiche possono essere utilizzati valori generici presenti nelle norme UNI 10355 e UNI EN 1745.

Anche lo strato d'aria a diretto contatto con il materiale crea una resistenza termica, che in questo caso chiamiamo resistenza termica superficiale e calcoliamo con l'equazione seguente:

$$R_s = \frac{1}{h_c + h_r}$$

dove:
h_c [W/m²K] è il coefficiente di scambio termico convettivo. Per le superfici interne e per le superfici esterne adiacenti ad una intercapedine d'aria fortemente ventilata[4] è pari a:

- 5,0 W/m²K per un flusso di calore ascendente;
- 2,5 W/m²K per un flusso di calore orizzontale;
- 0,7 W/m²K per un flusso di calore discendente.

Invece per le superfici esterne è pari a $4 + 4v$, dove v è la velocità dell'aria adiacente alla superficie, espressa in m/s. Si può quindi affermare che all'aumentare della velocità dell'aria aumenta il coefficiente di scambio termico convettivo ma diminuisce la resistenza termica superficiale esterna;

h_r [W/m²K] è il coefficiente di scambio termico radiativo, pari a εh_{r0}, dove:
  ε è l'emissività sferica della superficie. Il valore tipico per i materiali da costruzione è 0,90 e per i vetri senza deposito superficiale[5] è 0,837;

---

[4] La definizione di intercapedine d'aria fortemente ventilata è presente nel Paragrafo 1.3.

h_{r0} [W/m²K] è il coefficiente radiativo di un corpo nero pari a $4\sigma T_m^3$, dove σ è la costante di Stefan-Boltzmann pari a $5{,}67 \times 10^{-8}\ W/m^2K^4$ e T_m è la temperatura assoluta media della superficie e delle superfici limitrofe[6]. Un corpo nero è un oggetto ideale che assorbe tutta la radiazione elettromagnetica incidente senza rifletterla e ha un'emissività pari a 1. Il corpo nero ha valenza puramente teorica in quanto in natura si trovano solo corpi grigi che hanno valori di emissività intermedi tra 0 e 1. Il coefficiente radiativo di un corpo nero può anche essere ricavato direttamente dalla tabella seguente:

Temperatura media [°C]	h_{r0} [W/m²K]
-10	4,1
0	4,6
10	5,1
20	5,7
30	6,3

Tabella 1.1 – Valori del coefficiente radiativo del corpo nero
[Fonte: UNI EN ISO 6946:2008, Appendice A, prospetto A.1]

In particolare indichiamo con R_{si} la resistenza superficiale interna, che si usa per gli ambienti interni, e con R_{se} quella esterna, che si usa per gli ambienti esterni. I valori possono essere ricavati direttamente dalla Tabella 1.2, dove il flusso si considera orizzontale se attraversa pareti verticali con inclinazione fino a ±30° sul piano orizzontale, altrimenti ascendente o discendente in base alla direzione del flusso di calore. Se sono richiesti valori indipendenti dal flusso termico, o quando quest'ultimo può variare, si devono utilizzare i valori corrispondenti al flusso orizzontale. Ricordiamo che il flusso termico avviene sempre dalle regioni a temperatura più alta a quelle a temperatura più bassa, pertanto se una parete o un solaio separa due ambienti con la stessa temperatura interna, il flusso è nullo. Se le superfici non sono piane o se ci sono altre condizioni al contorno non standard, per calcolare le resistenze superficiali bisogna utilizzare le procedure riportate nell'Appendice A della norma UNI EN ISO 6946:2008.

---

[5] I vetri senza deposito superficiale sono in grado di sfruttare la radiazione solare per decomporre i depositi organici ed eliminarli quando pioggia o acqua li colpiscono, migliorando lo scorrimento dell'acqua sulla sua superficie.

[6] La temperatura assoluta, chiamata anche temperatura termodinamica, è una particolare scala termometrica per la misura della temperatura ed è espressa in kelvin. Per convertire una certa temperatura assoluta T nella corrispondente (e più familiare) temperatura in gradi Celsius basta sottrarvi il valore 273,15 K, poiché la variazione di 1 kelvin è uguale alla variazione 1 grado Celsius e 0 gradi Celsius sono pari a 273,15 kelvin.

	Direzione del flusso termico		
	Ascendente	Orizzontale	Discendente
Resistenza termica superficiale interna (R_{si})	0,10	0,13	0,17
Resistenza termica superficiale esterna (R_{se})	0,04	0,04	0,04

Tabella 1.2 – Resistenza termica superficiale
[Fonte: UNI EN ISO 6946:2008, punto 5.2, prospetto 1]

La **trasmittanza termica** (U) è una grandezza fisica che misura la quantità di potenza termica scambiata da un materiale per unità di superficie e unità di differenza di temperatura e indica la capacità di un elemento nello scambiare energia. In base alla norma UNI EN ISO 6946 si definisce come il "flusso di calore che passa da un fluido ad un altro attraverso una parete di 1 m² di superficie e Δt dei due fluidi = 1 K (1 kelvin)". La sua unità di misura è W/m²K. E' la grandezza reciproca della resistenza termica e per componenti situati tra un ambiente interno (riscaldato o non) e uno esterno si ottiene dall'equazione seguente:

$$U = \frac{1}{(R_{si} + R + R_{se})} \quad (2)$$

Nel caso di componenti situati tra un ambiente interno climatizzato e un ambiente non climatizzato, oppure tra due ambienti interni climatizzati a temperatura differente, R_{si} si applica su entrambi i lati e la formula (2) diventa:

$$U = \frac{1}{(2R_{si} + R)} \quad (3)$$

Consideriamo una parete semplice costituita da 2 cm di intonaco esterno (λ=0,7 W/mK), 25 cm di mattone forato (λ=0,21 W/mK) e 1,5 cm di intonaco interno (λ=0,7 W/mK). Sostituendo i valori numerici nella formula (1) otteniamo:

$$R = \frac{0,015}{0,7} + \frac{0,25}{0,21} + \frac{0,02}{0,7} = 1,24 \; m^2 K/W$$

Inserendo il valore ottenuto e quelli di R_{si} (0,13 m²K/W) e di R_{se} (0,04 m²K/W) nella formula per il calcolo otteniamo:

$$U = \frac{1}{(R_{si}+R+R_{se})} = \frac{1}{0{,}13+1{,}24+0{,}04} = 0{,}709 \ W/m^2K$$

cioè il valore di trasmittanza termica della parete di mattoni forati. Più il valore di trasmittanza termica è basso più l'isolamento è efficiente.

1.2 Calcolo della resistenza termica di intercapedini d'aria non ventilate

Un'intercapedine d'aria si considera non ventilata se non vi è possibilità che l'aria esterna possa attraversarla. Anche un'intercapedine con piccole aperture verso l'esterno deve essere considerata non ventilata se queste aperture sono disposte in modo da non permettere un flusso d'aria attraverso l'intercapedine e se non sono maggiori di:

- 500 mm² per metro di lunghezza (in direzione verticale) per le intercapedini d'aria verticali;
- 500 mm² per metro quadrato di area superficiale per le intercapedini d'aria orizzontali.

La resistenza termica di un'intercapedine d'aria non ventilata può essere ricavata dalla Tabella 1.3 se sussistono le condizioni seguenti:

- l'intercapedine è delimitata da due lati paralleli e perpendicolari alla direzione del flusso termico e con un'emissività[7] non minore di 0,8. Normalmente i materiali edili hanno un'emissività molto alta, maggiore di 0,9;
- l'intercapedine ha uno spessore (nella direzione del flusso termico) minore del 10% rispetto alle altre due dimensioni;
- l'intercapedine non scambia aria con l'ambiente interno.

Se anche una sola di queste condizioni non è rispettata bisogna eseguire calcoli analitici come indicato nell'Appendice B della norma UNI EN ISO 6946:2008.

---

[7] L'emissività di un materiale (solitamente indicata con ε) è la frazione di energia irraggiata da quel materiale rispetto all'energia irraggiata da un corpo nero che sia alla stessa temperatura.

Spessore	Direzione del flusso termico		
mm	Ascendente	Orizzontale	Discendente
5	0,11	0,11	0,11
7	0,13	0,13	0,13
10	0,15	0,15	0,15
15	0,16	0,17	0,17
25	0,16	0,18	0,19
50	0,16	0,18	0,21
100	0,16	0,18	0,22
300	0,16	0,18	0,23

Tabella 1.3 – Resistenza termica di intercapedini d'aria non ventilate: superfici ad alta emissività
[Fonte: UNI EN ISO 6946:2008, punto 5.3.2, prospetto 2]

I flussi termici orizzontali attraversano pareti verticali e i valori riportati nella Tabella 1.3 si applicano a flussi termici inclinati fino a ±30° sul piano orizzontale. Valori intermedi possono essere ottenuti per interpolazione lineare.

1.3 Calcolo della resistenza termica di intercapedini d'aria fortemente ventilate

Un'intercapedine d'aria si considera fortemente ventilata se le aperture tra l'intercapedine d'aria e l'ambiente esterno sono uguali o maggiori di:

- 1500 mm² per metro di lunghezza (in direzione orizzontale) per intercapedini d'aria verticali;
- 1500 mm² per metro quadrato di area superficiale per intercapedini d'aria orizzontali.

In tal caso possiamo trascurare sia l'intercapedine sia tutti gli strati esterni che la separano dall'ambiente esterno e calcolare direttamente la resistenza termica totale del componente edilizio in esame (avente un'intercapedine d'aria fortemente ventilata) mediante l'equazione seguente:

$$R_T = 2R_{si} + R$$

dove R è la resistenza termica totale degli strati di materiale che separano l'intercapedine dall'ambiente interno e R_{si} è la resistenza termica superficiale interna ricavabile dalla Tabella 1.2, applicata su entrambi i lati della parete interna.

1.4 Calcolo della resistenza termica di intercapedini d'aria debolmente ventilate

Un'intercapedine d'aria si considera debolmente ventilata se il passaggio d'aria proveniente dall'esterno, attraverso aperture aventi area A_v, è compreso negli intervalli seguenti:

- >500 mm² ma <1500 mm² per metro di lunghezza (in direzione orizzontale) per intercapedini d'aria verticali;
- >500 mm² ma <1500 mm² per metro quadrato di area superficiale per intercapedini d'aria orizzontali.

In tal caso possiamo calcolare direttamente la resistenza termica totale del componente edilizio in esame (avente un'intercapedine d'aria debolmente ventilata) mediante l'equazione seguente:

$$R_T = \frac{1500 - A_v}{1000} R_{T,u} + \frac{A_v - 500}{1000} R_{T,v}$$

dove:

$R_{T,u}$ [m²K/W] è la resistenza termica totale del componente edilizio, calcolata considerando l'intercapedine d'aria non ventilata;

$R_{T,v}$ [m²K/W] è la resistenza termica totale del componente edilizio calcolata considerando l'intercapedine d'aria fortemente ventilata;

1.5 Calcolo della trasmittanza termica dei pavimenti controterra

Un pavimento è considerato controterra se è costituito da un solaio a contatto con il terreno su tutta la sua superficie. In questo caso la trasmittanza termica del pavimento dipende da due parametri:

- la dimensione caratteristica del pavimento, che indichiamo con B' e calcoliamo con la formula seguente:

$$B' = \frac{A}{0{,}5P}$$

dove:

A   [m²] è l'area del pavimento a contatto con il terreno;
P   [m] è il perimetro esposto del pavimento, ovvero la lunghezza totale delle pareti esterne che separano l'edificio riscaldato dall'ambiente esterno o da uno spazio non riscaldato esterno alla parte termicamente isolata del fabbricato.

- lo spessore equivalente totale, che indichiamo con d_t e calcoliamo con la formula seguente:

$$d_t = w + \lambda\left(R_{si} + R_f + R_{se}\right)$$

dove, oltre ai simboli già definiti nel Paragrafo 1.1:
w [m] è lo spessore totale delle pareti esterne;
λ [W/mK] è la conduttività termica del terreno non gelato, che si ricava dalla Tabella 1.4 se il tipo di terreno è noto, altrimenti è possibile utilizzare i valori relativi al sito effettivo, mediati su una profondità uguale alla larghezza dell'edificio. In assenza di questi dati si assume $\lambda = 2{,}0\ W/mK$.
R_f [m²K/W] è la resistenza termica del solaio e comprende tutti gli strati uniformi di isolamento, inclusi i rivestimenti. La norma UNI EN ISO 13370:2008 suggerisce di trascurare la resistenza termica degli strati di calcestruzzo pesante di sottofondo a diretto contatto con il terreno, perché si presume abbiano la stessa conduttività termica del terreno. La norma suggerisce di trascurare anche la resistenza termica dei rivestimenti sottili ma non specifica lo spessore massimo secondo cui può essere applicata questa approssimazione, pertanto si consiglia di inserire questi strati nel calcolo della R_f.

Categoria	Descrizione	Conduttività termica	Capacità termica per unità di volume
1	argilla o limo	1,5	3,0 x 10⁶
2	sabbia o ghiaia	2,0	2,0 x 10⁶
3	roccia omogenea	3,5	2,0 x 10⁶

Tabella 1.4 – Proprietà termiche del terreno
[Fonte: UNI EN ISO 13370:2008, punto 5.1, prospetto 1]

Se $d_t < B'$ il pavimento si considera non isolato o moderatamente isolato, in tal caso possiamo calcolare la trasmittanza termica con l'equazione seguente:

$$U = \frac{2\lambda}{\pi B' + d_t} \ln\left(\frac{\pi B'}{d_t} + 1\right)$$

altrimenti se $d_t \geq B'$ il pavimento si considera ben isolato e possiamo utilizzare l'equazione seguente:

$$U = \frac{1}{(R_{si} + R_f + R_{se} + w/\lambda) + R_g}$$

dove R_g è l'effettiva resistenza termica del terreno che si calcola con la formula seguente:

$$R_g = \frac{0{,}457 \times B'}{\lambda}$$

1.6 Calcolo della trasmittanza termica dei pavimenti su intercapedine ventilata naturalmente con aria esterna

Un pavimento su intercapedine è sollevato dal terreno in modo che lo spazio aerato sotto il pavimento sia ventilato naturalmente con l'aria esterna, al fine di migliorare le condizioni dell'ambiente abitativo. Il vuoto sottostante può essere creato in vari modi, ad esempio mediante casseri a perdere in plastica a forma di cupola, sui quali viene gettata una soletta in calcestruzzo armato, la quale poggia su dei pilastrini nei vuoti tra una cupola e l'altra. La ventilazione naturale viene creata tramite opportuni fori perimetrali posti a distanza di 3 metri l'uno dall'altro e con quote differenziate per creare l'effetto camino. Per innescare questo effetto i fori di ingresso devono essere posti a nord, o sulla parete meno riscaldata dal sole, ad una quota più bassa di quelli di uscita, posti a sud, o sulla parete più riscaldata. La trasmittanza termica di un pavimento su intercapedine si calcola con l'equazione seguente:

$$U = \frac{U_f(U_g + U_x)}{U_f + U_g + U_x}$$

dove:
U_f [W/m²K] è la trasmittanza termica della parte sospesa di pavimento, tra l'ambiente interno e l'intercapedine. Si calcola come indicato nella formula

(3), Paragrafo 1.1, in quanto il valore della resistenza superficiale interna si applica su entrambi i lati. Se sono presenti ponti termici è necessario includerli nel calcolo di U_f, secondo quanto indicato nel Capitolo 4;

U_g [W/m²K] è la trasmittanza termica per il flusso termico attraverso il terreno. Se l'intercapedine si estende a una profondità media pari o inferiore di 0,5 m sotto il livello del terreno, U_g si calcola con l'equazione seguente:

$$U_g = \frac{2\lambda}{\pi B' + d_g} ln\left(\frac{\pi B'}{d_g} + 1\right)$$

dove, oltre ai simboli già definiti, d_g è lo spessore equivalente totale del suolo al di sotto dell'intercapedine, che si calcola con l'equazione seguente:

$$d_g = w + \lambda(R_{si} + R_f + R_{se})$$

Se l'intercapedine si estende ad una profondità media maggiore di 0,5 m sotto il livello del terreno, U_g si calcola con l'equazione seguente:

$$U_g = U_{bf} + \frac{zPU_{bw}}{A}$$

dove U_{bf}, z e U_{bw} sono gli stessi definiti nel Paragrafo 1.9.

U_x [W/m²K] è la trasmittanza termica equivalente che tiene conto dello scambio termico sia attraverso le pareti verticali dell'intercapedine sia per effetto della ventilazione attraverso i fori. Si ottiene con l'equazione seguente:

$$U_x = 2\frac{hU_w}{B'} + 1450\frac{evf_w}{B'}$$

dove, oltre ai simboli già definiti:

h [m] è l'altezza calcolata dal livello del terreno esterno alla superficie superiore del pavimento tra l'ambiente interno e l'intercapedine. Se l'altezza varia lungo il perimetro del pavimento si deve prendere il suo valore medio;

U_w [W/m²K] è la trasmittanza termica delle pareti verticali dell'intercapedine, sopra il livello del terreno, calcolata come indicato nel Paragrafo 1.1;

e   [m²/m] è l'area dei fori di ventilazione per unità di lunghezza di perimetro dell'intercapedine;

v [m/s] è il valore medio annuale della velocità del vento media giornaliera in assenza di ostacoli, calcolato in base alla norma UNI 10349-1, che contiene i dati climatici delle principali località italiane;

f_w è il coefficiente di schermatura dal vento, che si ricava dalla tabella seguente:

Localizzazione	Esempio	Coefficiente
Riparato	Centro città	0,02
Mediamente esposto	Periferia	0,05
Esposto	Rurale	0,10

Tabella 1.5 – Coefficienti di schermatura dal vento
[Fonte: UNI EN ISO 13370:2008, punto 9.2, prospetto 2]

1.7 Calcolo della trasmittanza termica dei pavimenti su intercapedine ventilata meccanicamente

La trasmittanza termica di un pavimento su intercapedine ventilata meccanicamente dall'interno si calcola con l'equazione seguente:

$$U = \frac{U_f \left(U_g + \frac{2hU_w}{B'}\right)}{\left(U_g + \frac{2hU_w}{B'}\right) + U_f \left(1 + \frac{\dot{V}c_p\rho_a}{AU_f}\right)}$$

dove, oltre ai simboli già definiti nei paragrafi precedenti:

$\dot{V}$ [m³/s] è la portata di ventilazione, pari a $0{,}59 \times ev f_w P$ m³/s, dove, oltre ai simboli già definiti nel Paragrafo 1.6, P indica il perimetro del pavimento, espresso in metri;

c_p [J/kgK] è la capacità termica specifica dell'aria a pressione costante, definita come la quantità di calore necessaria per innalzare (o diminuire) la temperatura di una unità di massa di 1 K. In questo caso è pari a 1.000 J/kgK a 10 °C;

ρ_a [kg/m³] è la massa volumica dell'aria, pari a 1,23 kg/m³ a 10 °C e pressione di 100 kPa;

A [m²] è l'area del pavimento a contatto con l'intercapedine.

La trasmittanza termica di un pavimento su intercapedine ventilata meccanicamente dall'esterno si calcola con l'equazione seguente:

$$U = \frac{U_f \left(U_g + \frac{2hU_w}{B'} + \frac{\dot{V} c_p \rho_a}{A} \right)}{\left(U_g + \frac{2hU_w}{B'} + \frac{\dot{V} c_p \rho_a}{A} \right) + U_f}$$

1.8 Calcolo della trasmittanza termica dei pavimenti su intercapedine non ventilata

Se l'intercapedine non è ventilata, la portata di ventilazione è pari a zero ($\dot{V} = 0$) e la trasmittanza termica del pavimento sull'intercapedine si calcola con l'equazione seguente:

$$U = \frac{U_f \left(U_g + \frac{2hU_w}{B'} \right)}{\left(U_g + \frac{2hU_w}{B'} \right) + U_f}$$

1.9 Calcolo della trasmittanza termica dei pavimenti controterra e delle pareti esterne dei piani interrati riscaldati

Se lo spazio abitabile si trova a livello inferiore di quello del terreno ed è riscaldato, per calcolare le trasmittanze termiche dei pavimenti e delle pareti esterne a contatto con il terreno bisogna applicare i procedimenti indicati in questo paragrafo. Oltre ai simboli già definiti nei paragrafi precedenti introduciamo z, che indica la profondità della superficie superiore del pavimento del piano interrato rispetto al livello del terreno.

Se $d_t + 0{,}5z < B'$ il pavimento si considera non isolato o moderatamente isolato, in tal caso possiamo calcolare la trasmittanza termica del pavimento a contatto con il terreno, che indichiamo con U_{bf}, con l'equazione seguente:

$$U_{bf} = \frac{2\lambda}{\pi B' + d_t + 0{,}5z} \ln\left(\frac{\pi B'}{d_t + 0{,}5z} + 1 \right)$$

altrimenti se $d_t + 0{,}5z \geq B'$ il pavimento si considera ben isolato e possiamo utilizzare l'equazione seguente:

$$U_{bf} = \frac{\lambda}{0{,}457\,B' + d_t + 0{,}5z}$$

Prima di vedere il calcolo della trasmittanza termica delle pareti esterne del piano interrato, che indichiamo con U_{bw}, dobbiamo introdurre un altro parametro, lo spessore equivalente totale delle pareti del piano interrato, che indichiamo con d_w e calcoliamo con la formula seguente:

$$d_w = \lambda(R_{si} + R_w + R_{se})$$

dove, oltre ai simboli già definiti, R_w indica la resistenza termica delle pareti esterne del piano interrato, calcolata come indicato al Paragrafo 1.1. Se $d_w \geq d_t$, come avviene nella maggior parte dei casi, allora possiamo calcolare la trasmittanza termica delle pareti esterne del piano interrato con l'equazione seguente:

$$U_{bw} = \frac{2\lambda}{\pi z}\left(1 + \frac{0{,}5 d_t}{d_t + z}\right) \ln\left(\frac{z}{d_w} + 1\right)$$

altrimenti se $d_w < d_t$ possiamo utilizzare l'equazione seguente:

$$U_{bw} = \frac{2\lambda}{\pi z}\left(1 + \frac{0{,}5 d_w}{d_w + z}\right) \ln\left(\frac{z}{d_w} + 1\right)$$

Con l'equazione seguente possiamo calcolare anche l'effettiva trasmittanza termica caratterizzante l'intero piano interrato a contatto con il terreno:

$$U' = \frac{A U_{bf} + z P U_{bw}}{A + zP} \qquad (4)$$

Nella formula (4) non viene presa in considerazione la trasmittanza termica delle parti delle pareti al di sopra del livello del terreno, che può essere calcolata normalmente con la formula (2), Paragrafo 1.1.

1.10 Calcolo della trasmittanza termica dei piani interrati non riscaldati

Se lo spazio abitabile si trova a livello inferiore di quello del terreno e non è riscaldato, possiamo calcolare la trasmittanza termica totale tra l'ambiente interno ed esterno con l'equazione seguente:

$$U = \frac{U_f(AU_{bf} + zPU_{bw} + hPU_w + 0{,}33nV)}{AU_f + (AU_{bf} + zPU_{bw} + hPU_w + 0{,}33nV)} \quad (5)$$

dove:

U_f [W/m²K] è la trasmittanza termica del pavimento tra l'ambiente interno e il piano interrato. Si calcola come indicato nel Paragrafo 1.1 e deve includere l'effetto di eventuali ponti termici, secondo quanto indicato nel Capitolo 4;

U_w [W/m²K] è la trasmittanza termica delle pareti del piano interrato sopra il livello del terreno;

n [h⁻¹] è la portata d'aria di ventilazione nel piano interrato. In mancanza di informazioni specifiche $n = 0{,}3$ ricambi d'aria all'ora;

V [m³] è il volume d'aria del piano interrato;

U_{bf} e U_{bw} sono gli stessi indicati nel Paragrafo 1.9.

1.11 Calcolo della trasmittanza termica dei piani interrati parzialmente riscaldati

Se lo spazio abitabile si trova a livello inferiore di quello del terreno ed è parzialmente riscaldato, possiamo calcolare la trasmittanza termica totale tra ambiente interno ed esterno con la procedura seguente:

1. Calcoliamo la trasmittanza termica totale tra ambiente interno ed esterno, considerando il piano completamente riscaldato, mediante la formula (4), Paragrafo 1.9;
2. Calcoliamo la trasmittanza termica totale tra ambiente interno ed esterno, considerando il piano non riscaldato, mediante la formula (5), Paragrafo 1.10;
3. Combiniamo le trasmittanze termiche ottenute nei punti precedenti in proporzione alle aree a contatto con il terreno, delle parti riscaldate e non riscaldate. Se ad esempio l'area della parte riscaldata a contatto con il terreno è pari al 40% del totale, per ottenere la trasmittanza termica totale

moltiplichiamo il valore ottenuto al punto 1 per 0,40 e sommiamo il valore ottenuto al punto 2 moltiplicato per 0,6.

1.12 Calcolo della trasmittanza termica dei serramenti vetrati e dei componenti trasparenti non apribili

Un serramento vetrato è una struttura mobile con elementi trasparenti che serve a chiudere le aperture lasciate nei fabbricati per far entrare aria e luce. Un componente trasparente non apribile permette di far entrare solo la luce. In entrambi i casi la trasmittanza termica si calcola come media pesata tra i vari elementi trasparenti e opachi di cui sono composti (vetrate, telaio e pannelli opachi), più la trasmittanza termica lineare, che rappresenta un contributo aggiuntivo dovuto all'interazione tra essi e alla presenza del distanziatore, applicato lungo il perimetro visibile delle vetrate, come mostrato nella Figura 1.1. In assenza dei valori dichiarati dal produttore o di dati di progetto attendibili, per la trasmittanza termica delle vetrate è possibile utilizzare i valori riportati nel prospetto B.1 della norma UNI/TS 11300-1:2014, e per quella dei telai i valori riportati nel prospetto B.2 della norma UNI/TS 11300-1:2014. In alternativa la trasmittanza termica dei telai può essere calcolata come indicato nella norma UNI EN ISO 10077-2:2012 oppure può essere ricavata dall'Appendice D della norma UNI EN ISO 10077-1:2007. I valori di trasmittanza termica lineare possono essere ricavati dalla Tabella 1.6 per tipologie comuni di distanziatori (per esempio alluminio o acciaio) o dalla Tabella 1.7 per distanziatori a prestazione termica migliorata. Un distanziatore a prestazione termica migliorata può essere composto da una combinazione di materiali di differente conducibilità termica, e si definisce tale se soddisfa l'equazione seguente:

$$\sum_k d_j \times \lambda_j \leq 0{,}007$$

dove:
d_j [m] è lo spessore dello strato j-esimo del distanziatore, misurato perpendicolarmente alla direzione principale del flusso termico del serramento;
λ_j [W/mK] è la conducibilità termica dello strato j-esimo del distanziatore, fornita dal produttore o ricavato dalle norme UNI 10351 o UNI EN ISO 10456.

Questo criterio non è applicabile se il distanziatore non ha una composizione omogenea lungo il suo perimetro, in tal caso è necessario ricorrere al calcolo numerico presente nella norma UNI EN ISO 10077-2.

Nelle norme tecniche e nelle schede tecniche dei produttori di vetri o di serramenti, il tipo di vetro è indicato con numeri separati da trattini e precisamente:

- per le vetrate doppie, il primo e il terzo numero indicano lo spessore dei vetri, mentre il secondo lo spazio che c'è tra i due (chiamato camera), il tutto espresso in millimetri. Quindi ad esempio una vetrata doppia 4-12-4 è composta da due vetri di 4 mm di spessore, separati da uno spazio di 12 mm;

- per le vetrate triple, il primo, il terzo e il quinto numero indicano lo spessore dei vetri, mentre il secondo e il quarto lo spazio che c'è rispettivamente tra il primo e il secondo vetro, e tra il terzo e il quinto, il tutto espresso in millimetri. Quindi ad esempio una vetrata tripla 4-12-4-12-4 è composta da tre vetri di 4 mm di spessore separati da due spazi di 12 mm ciascuno.

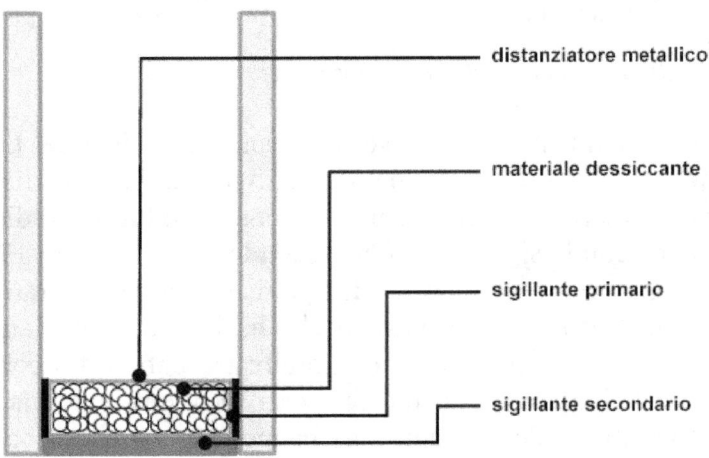

Figura 1.1 - Sezione di una vetrata doppia.

Materiale del telaio	Trasmittanza termica lineare Ψ_g per i differenti tipi di vetro.	
	Vetro doppio o triplo, vetro senza trattamenti superficiali, intercapedine con aria o gas.	Vetro doppio con trattamento superficiale basso emissivo, vetro triplo con due trattamenti superficiali basso emissivi, intercapedine con aria o gas.
Legno o PVC	0,06	0,08
Metallo con taglio termico	0,08	0,11
Metallo senza taglio termico	0,02	0,05

Tabella 1.6 – Trasmittanza termica lineare Ψ_g per tipologie comuni di distanziatori
[Fonte: UNI EN ISO 10077-1:2007, Appendice E, prospetto E.1]

Materiale del telaio	Trasmittanza termica lineare Ψ_g per i differenti tipi di vetro.	
	Vetro doppio o triplo, vetro senza trattamenti superficiali, intercapedine con aria o gas.	Vetro doppio con trattamento superficiale basso emissivo, vetro triplo con due trattamenti superficiali basso emissivi, intercapedine con aria o gas.
Legno o PVC	0,05	0,06
Metallo con taglio termico	0,06	0,08
Metallo senza taglio termico	0,01	0,04

Tabella 1.7 – Trasmittanza termica lineare Ψ_g per distanziatori a prestazione termica migliorata
[Fonte: UNI EN ISO 10077-1:2007, Appendice E, prospetto E.2]

A volte al posto dello spessore dei vetri troviamo una sigla del tipo 3+3 o 4+4, ciò significa che il primo vetro è formato a sua volta da 2 vetri distinti che vengono incollati per formare un vetro unico. Alcuni produttori indicano questi vetri stratificati anche con le sigle 6/7 o 8/9. Secondo la norma UNI EN 12600:2004, un vetro 6/7 è composto da due vetri di 3 mm ciascuno separati da uno strato di polivinilbutirrale, un materiale plastico che ha lo scopo di mantenere uniti i due strati impendendo la propagazione di fratture tra uno strato e l'altro. Allo stesso modo un vetro 8/9 è composto da due vetri di 4 mm ciascuno, separati da uno strato di polivinilbutirrale. Alcuni vetri hanno il trattamento basso emissivo, che consiste in un processo che permette la formazione sulla superficie delle lastre di depositi o ossidi di metallo che consentono di sfruttare al meglio la luce naturale.

Per le finestre singole, il calcolo della trasmittanza termica deve essere eseguito utilizzando l'equazione seguente:

$$U_w = \frac{\sum_k A_{g,k} U_{g,k} + \sum_i A_{f,i} U_{f,i} + \sum_j l_{g,i} \Psi_{g,i}}{\sum_k A_{g,k} + \sum_i A_{f,i}} \quad (6)$$

dove:
$A_{g,k}$ [m²] è l'area totale dell'elemento vetrato k-esimo;
$U_{g,k}$ [W/m²K] è la trasmittanza termica dell'elemento vetrato k-esimo, calcolata in base alle equazioni (7) o (8);
$A_{f,i}$ [m²] è l'area della parte i-esima di telaio, che generalmente viene suddiviso nelle seguenti componenti se hanno differenti caratteristiche: traversa superiore, traversa inferiore, montanti e divisori. L'area della parte i-esima di telaio è la maggiore tra le proiezioni su un piano parallelo al pannello vetrato dell'area interna e di quella esterna;
$U_{f,i}$ [W/m²K] è la trasmittanza termica della parte i-esima di telaio. Per i lucernari deve essere calcolata in conformità alla norma UNI EN ISO 10077-2 o misurata in conformità alla norma UNI EN 12412-2 con provini montati all'interno dell'apertura nel pannello di supporto a filo del lato freddo, in conformità alla norma UNI EN ISO 12567-2. Per le altre finestre deve essere calcolata in conformità alla norma UNI EN ISO 10077-2, oppure misurata in conformità alla norma UNI EN 12412-2, oppure ottenuta dall'Appendice D della norma UNI EN ISO 10077-1;
$l_{g,i}$ [m] è il perimetro dell'i-esima giunzione vetro-telaio;
$\Psi_{g,i}$ [W/mK] è la trasmittanza termica lineare dell'i-esima giunzione vetro-telaio. Deve essere posta pari a zero se è presente un solo vetro (vetrata singola).

Se sono presenti sia pannelli opachi sia lastre vetrate, il calcolo della trasmittanza termica deve essere eseguito utilizzando l'equazione seguente:

$$U_w = \frac{\sum_k A_{g,k} U_{g,k} + \sum_j A_{p,j} U_{p,j} + \sum_i A_{f,i} U_{f,i} + \sum_j l_{g,i} \Psi_{g,i} + \sum_j l_{p,j} \Psi_{p,j}}{\sum_k A_{g,k} + \sum_j A_{p,j} + \sum_i A_{f,i}}$$

dove, oltre ai simboli già definiti:
$A_{p,j}$ [m²] è l'area totale del pannello opaco j-esimo;

$U_{p,j}$ [W/m²K] è la trasmittanza termica del pannello opaco j-esimo;
$l_{p,j}$ [m] è il perimetro della j-esima giunzione pannello opaco-telaio;
$\Psi_{p,j}$ [W/mK] è la trasmittanza termica lineare della j-esima giunzione pannello opaco-telaio. Può essere posta pari a zero se sono presenti pannelli opachi con conducibilità termica inferiore a 0,5 W/mK oppure se il materiale costituente il ponte termico lungo il perimetro del pannello ha una conducibilità termica inferiore a 0,5 W/mK.

Per i serramenti composti da due finestre distinte, il calcolo della trasmittanza termica deve essere eseguito utilizzando l'equazione seguente:

$$U_w = \frac{1}{\frac{1}{U_{w1}} - R_{si} + R_s - R_{se} + \frac{1}{U_{w2}}}$$

dove:
U_{w1} e U_{w2} [W/m²K] sono le trasmittanze termiche della finestra esterna e interna, calcolate secondo l'equazione (6);
R_{si} [m²K/W] è la resistenza superficiale interna della finestra esterna, quando utilizzata da sola;
R_{se} [m²K/W] è la resistenza superficiale esterna della finestra interna, quando utilizzata da sola;
R_s [m²K/W] è la resistenza termica dell'intercapedine d'aria tra le due finestre, calcolata come indicato nella Tabella 1.8.

Se la distanza tra i telai delle due finestre è minore o uguale a 3 mm quando sono entrambe chiuse, allora le finestre si considerano accoppiate e il calcolo della trasmittanza termica deve essere eseguito utilizzando l'equazione seguente:

$$U_w = \frac{1}{\frac{1}{U_{g1}} - R_{si} + R_s - R_{se} + \frac{1}{U_{g2}}}$$

dove, oltre ai simboli già definiti, U_{g1} e U_{g2} [W/m²K] sono le trasmittanze termiche della finestra esterna e interna, calcolate secondo le equazioni (7) e (8), in base ai tipi di vetrate.

La trasmittanza termica della vetrata singola (stratificata o meno) deve essere calcolata con l'equazione seguente:

$$U_g = \frac{1}{R_{se} + \sum_j \frac{s_j}{\lambda_j} + R_{si}} \quad (7)$$

dove:
R_{se} [m²K/W] è la resistenza termica superficiale esterna;
s_j [m] indica lo spessore del vetro o del materiale dello strato j;
λ_j [W/mK] indica la conducibilità termica del vetro o del materiale dello strato j;
R_{si} [m²K/W] è la resistenza termica superficiale interna.

La trasmittanza termica delle vetrate multiple deve essere calcolata con l'equazione seguente:

$$U_g = \frac{1}{R_{se} + \sum_j \frac{s_j}{\lambda_j} + \sum_j R_{s,j} + R_{si}} \quad (8)$$

dove, oltre ai simboli già definiti, $R_{s,j}$ [m²K/W] è la resistenza termica dell'intercapedine d'aria j. Valori tipici di resistenza termica di intercapedini d'aria non ventilate per finestre verticali accoppiate e doppie possono essere ricavate dalla Tabella 1.8.

Spessore dell'intercapedine d'aria	R_s				
	Una superficie trattata con un'emissività normale di				Entrambe le superfici non trattate
mm	0,1	0,2	0,4	0,8	
6	0,211	0,191	0,163	0,132	0,127
9	0,299	0,259	0,211	0,162	0,154
12	0,377	0,316	0,247	0,182	0,173
15	0,447	0,364	0,276	0,197	0,186
50	0,406	0,336	0,260	0,189	0,179

Tabella 1.8 – Resistenza termica di intercapedini d'aria non ventilate per finestre verticali accoppiate e doppie
[Fonte: UNI EN ISO 10077-1:2007, Appendice C, prospetto C.1]

Valori tipici di resistenza termica superficiale interna ed esterna possono essere ricavate dalla Tabella 1.9.

Posizione della finestra	R_{si}	R_{se}
Verticale o con angolo di inclinazione α della vetrata, rispetto all'orizzontale, tale che 90° ≥ α ≥ 60° (direzione del flusso termico ±30° dal piano orizzontale)	0,13	0,04
Orizzontale o con angolo di inclinazione α della vetrata, rispetto all'orizzontale, tale che 60° > α ≥ 0° (direzione del flusso termico maggiore di 30° dal piano orizzontale)	0,10	0,04

Tabella 1.9 – Resistenza termica superficiale
[Fonte: UNI EN ISO 10077-1:2007, Appendice A, prospetto A.1]

È bene sottolineare che il telaio di un serramento è normalmente costituito da una parte fissa, ancorata al vano finestra, e una parte mobile, che permette l'apertura e la chiusura del vano. Per facilitare il calcolo dell'area del telaio è consigliabile sottrarre all'area del vano quella dei componenti vetrati, in modo da considerare entrambe le componenti del telaio. La qualità di un buon telaio si può apprezzare attraverso la sua capacità di evitare il rischio di infiltrazioni grazie a guarnizioni di battuta in grado di sigillare tra loro elementi fissi e mobili.

Se sono presenti chiusure oscuranti esterne utilizzate durante la notte (persiane, scuri, avvolgibili, veneziane, tende esterne) dobbiamo tener conto della resistenza termica aggiuntiva, dovuta sia alla chiusura oscurante stessa sia all'intercapedine d'aria tra quest'ultima e la finestra. In tal caso al posto di U_w dobbiamo utilizzare la trasmittanza termica ridotta, calcolata con l'equazione seguente:

$$U_{w,corr} = U_{w+shut} \times f_{shut} + U_w \times (1 - f_{shut})$$

dove, oltre ai simboli già definiti:

f_{shut} è la frazione adimensionale della differenza cumulata di temperatura, derivante dal profilo orario di utilizzo della chiusura oscurante e dal profilo orario della differenza tra temperatura interna ed esterna. Nelle valutazioni sul progetto o standard si considera un periodo giornaliero di chiusura di 12 ore dalle ore 20:00 alle ore 8:00 e f_{shut} può essere assunto pari a 0,6;

U_{w+shut} [W/m²K] indica la trasmittanza termica del componente trasparente e della chiusura oscurante insieme, calcolata con l'equazione seguente:

$$U_{w+shut} = \frac{1}{\frac{1}{U_w} + \Delta R}$$

dove:

U_w [W/m²K] è la trasmittanza termica della finestra;

ΔR [m²K/W] è la resistenza termica aggiuntiva, che può essere calcolata con una delle formule indicate nella Tabella 1.10, dove con R_{sh} indichiamo la resistenza termica caratteristica della chiusura oscurante, fornita dal produttore o ricavata dalla Tabella 1.11.

Permeabilità dell'aria della chiusura oscurante	ΔR
Molto elevata	0,08
Elevata	0,25 R_{sh} + 0,09
Media	0,55 R_{sh} + 0,11
Bassa	0,80 R_{sh} + 0,14
A tenuta	0,95 R_{sh} + 0,17

Tabella 1.10 – Resistenza termica aggiuntiva per finestre con chiusure oscuranti
[Fonte: UNI EN ISO 10077-1:2007, Appendice G, prospetto G.1]

Tipo di chiusura oscurante	R_{sh} [m²K/W]
Chiusure oscuranti avvolgibili di alluminio	0,01
Chiusure oscuranti avvolgibili di legno e di plastica senza riempimento in schiuma	0,10
Chiusure oscuranti avvolgibili di plastica con riempimento in schiuma	0,15
Chiusure oscuranti avvolgibili di legno con spessore da 25mm a 30mm	0,20

Tabella 1.11 – Resistenza termica caratteristica della chiusura oscurante
[Fonte: UNI EN ISO 10077-1:2007, Appendice G, prospetto G.2]

La permeabilità dell'aria può essere valutata grazie alla Tabella 1.12, conoscendo lo spazio totale effettivo ai bordi tra la chiusura oscurante e il vano finestra, che indichiamo con b_{sh} e calcoliamo con la formula seguente:

$$b_{sh} = b_1 + b_2 + b_3$$

dove:
b_1 [mm] è lo spazio medio al bordo inferiore;

b_2 [mm] è lo spazio medio al bordo superiore;
b_3 [mm] è la somma degli spazi medi ai bordi laterali.

Classe	Permeabilità dell'aria	b_{sh} [mm]
1	Molto elevata	$b_{sh} \geq 35$
2	Elevata	$15 \leq b_{sh} < 35$
3	Media	$8 \leq b_{sh} < 15$
4	Bassa	$b_{sh} \leq 8$
5	A tenuta	$b_{sh} \leq 3$ e $b_1 + b_3 = 0$ oppure $b_2 + b_3 = 0$

Per le classi di permeabilità 2 o superiori non dovrebbero esserci aperture all'interno della chiusura oscurante. Per la classe di permeabilità 5 si applicano i criteri seguenti:
 a) per chiusure avvolgibili gli spazi ai bordi laterali e inferiore sono considerati uguali a 0 se ci sono guarnizioni rispettivamente nelle guide laterali e nella doga finale. Lo spazio superiore è considerato uguale a 0 se la fessura d'ingresso al cassonetto è dotata di linguette di tenuta o guarnizioni del tipo a spazzolino su entrambi i lati, o se il lato terminale della chiusura è compresso da un dispositivo a molla contro un materiale sigillante sulla superficie interna del lato esterno del cassonetto;
 b) per altre chiusure oscuranti devono essere presenti guarnizioni su tre lati e uno spazio sul quarto minore di 3 mm;
 c) Un'alternativa ai punti a) e b) è quella di verificare che il flusso d'aria attraverso la chiusura non sia maggiore di 10 m³/(h x m²) con una differenza di pressione di 10 Pa.

Tabella 1.12 – Relazione tra permeabilità dell'aria e spazio totale effettivo ai bordi tra la chiusura oscurante e il suo contorno
[Fonte: UNI EN ISO 10077-1:2007, Appendice H, prospetto H.1]

1.13 Calcolo della trasmittanza termica delle porte

Per le porte con componenti vetrati il calcolo è lo stesso dei serramenti vetrati, per quelle con ante opache si utilizza l'equazione seguente:

$$U_d = \frac{A_p U_p + A_f U_f + l_p \Psi_p}{A_p + A_f}$$

dove:
A_p [m²] è l'area dell'anta;
U_p [W/m²K] è la trasmittanza termica dell'anta;
A_f [m²] è l'area del telaio;
U_f [W/m²K] è la trasmittanza termica del telaio;
l_p [m] è il perimetro della giunzione anta-telaio;

Ψ_p [W/mK] è la trasmittanza termica lineare della giunzione anta-telaio.

1.14 La massa superficiale (M_S)

La massa superficiale è definita nell'Allegato A del D.Lgs. 192/2005 come *la massa per unità di superficie della parete opaca, compresa la malta dei giunti ed esclusi gli intonaci*. Si misura in kg/m² e si calcola come segue:

$$M_s = \sum_i \rho_i s_i$$

dove:
ρ_i [kg/m³] è la densità dello strato i-esimo di materiale omogeneo (esclusi gli intonaci). In assenza di dati riportati nella documentazione di accompagnamento della marcatura CE o di altri dati attendibili, la densità di un materiale può essere ricavata dalle tabelle 3 e 4 della norma UNI EN ISO 10456:2008;
s_i [m] è lo spessore dello strato i-esimo di materiale omogeneo.

1.15 La trasmittanza termica periodica (Y_{IE})

L'art. 2 del DPR 26 agosto 2009, n. 59, definisce la trasmittanza termica periodica Y_{IE} come *il parametro che valuta la capacità di una parete opaca di sfasare ed attenuare il flusso termico che la attraversa nell'arco delle 24 ore*. Lo sfasamento è il ritardo temporale tra il massimo del flusso termico entrante nell'ambiente interno ed il massimo della temperatura dell'ambiente esterno.

La trasmittanza termica periodica si misura in W/m²K e si calcola come segue:

$$Y_{IE} = f \times U$$

dove:
f è il fattore di attenuazione, con intervallo di valori compreso tra 0 e 1, dove 0 corrisponde alla situazione limite di totale accumulo di calore e 1 corrisponde alla situazione limite di accumulo di calore nullo. Il fattore di attenuazione qualifica la riduzione di ampiezza dell'onda termica nel passaggio dall'esterno all'interno dell'ambiente attraverso la struttura in esame e si calcola secondo

l'algoritmo del quadripolo equivalente indicato nella norma UNI EN ISO 13786:2008;
U [W/m²K] è la trasmittanza termica dell'elemento.

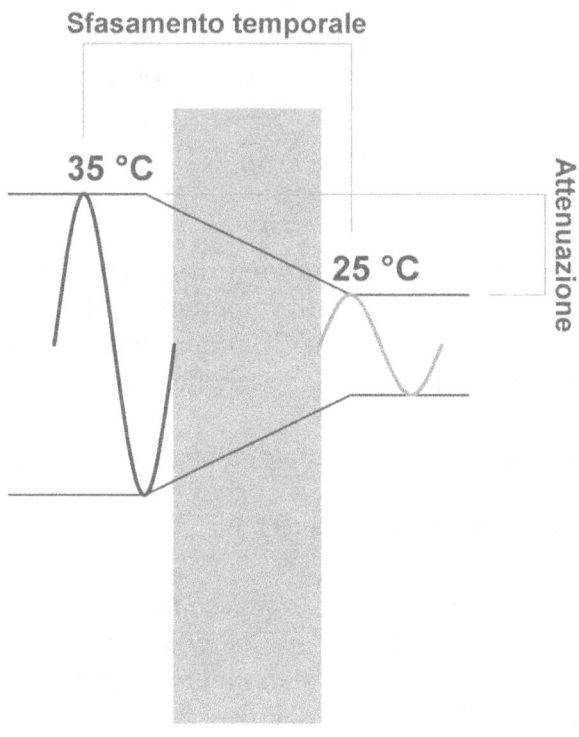

Figura 1.2 – Sfasamento temporale e attenuazione di un'onda termica, attraverso una parete verticale

2 Il fabbisogno di energia termica dell'edificio

2.1 L'edificio e le zone termiche

Nell'antica Grecia la parola edificio (οἰκοδόμημα) significava "porzione di territorio soggetto a leggi proprie e identificabile come un'unità autonoma". Secondo le norme UNI/TS 11300 e il D.Lgs. 192/05 il termine può riferirsi a un intero edificio ovvero a parti di edificio progettate o ristrutturate per essere utilizzate come unità immobiliari a sé stanti. Il concetto di unità autonoma è rimasto invariato ma per il calcolo del fabbisogno energetico dobbiamo tener conto di tutti gli impianti e dispositivi tecnologici che si trovano stabilmente al suo interno e che utilizzano energia per il condizionamento del clima. Prendiamo come esempio una palazzina di 2 piani con 4 appartamenti, 2 per ogni piano, ognuno dotato di impianto autonomo di climatizzazione. Ogni appartamento è quindi un'unità autonoma ed è corretto considerare la palazzina come un insieme di 4 edifici, se invece fosse servita da un impianto centralizzato dovremmo considerarne uno unico. La prima analisi da eseguire su un edificio consiste nell'individuare i confini del volume lordo climatizzato e distinguerli tra confini disperdenti e non disperdenti. In base alla norma UNI/TS 11300-1, i confini del volume lordo climatizzato si considerano:

- sul filo esterno delle strutture dell'involucro che separano l'ambiente climatizzato dall'esterno o da altri ambienti non climatizzati;
- a mezzeria dei divisori tra ambienti climatizzati.

Per semplificare la distinzione tra confini disperdenti e non disperdenti vediamo alcuni casi comuni:

- una parete che divide due appartamenti entrambi dotati di impianto di climatizzazione invernale rappresenta un confine non disperdente in quanto il calore scambiato è nullo o trascurabile;
- un solaio interpiano tra due appartamenti entrambi dotati di impianto di climatizzazione invernale rappresenta un confine non disperdente;

- una parete tra un appartamento dotato di impianto di climatizzazione invernale e il vano scala non riscaldato rappresenta un confine disperdente in quanto la differenza di temperatura tra i due ambienti genera uno scambio di calore;
- una parete perimetrale di un appartamento dotato di impianto di climatizzazione invernale delimita e separa l'ambiente interno all'edificio dall'ambiente esterno quindi rappresenta un confine disperdente;
- un solaio tra un appartamento dotato di impianto di climatizzazione invernale e un'autorimessa rappresenta un confine disperdente.

Dobbiamo inoltre valutare se è necessario suddividere l'edificio in più zone termiche, le norme indicano che non lo è se sono rispettate contemporaneamente le seguenti condizioni:

- le temperature interne di regolazione per il riscaldamento non differiscono di più di 4 °C;
- gli ambienti sono serviti dallo stesso impianto di riscaldamento;
- se vi è un impianto di ventilazione meccanica, almeno l'80% dell'area climatizzata è servita dallo stesso impianto con tassi di ventilazione nei diversi ambienti che non differiscono di un fattore superiore a 4.

In base alla norma UNI EN 12831 un'unità immobiliare dotata di un unico impianto di climatizzazione invernale e priva di un impianto di ventilazione meccanica ha temperature interne di regolazione per il riscaldamento che differiscono tra loro di 4 °C e precisamente 20 °C nei locali principali e 24 °C nei bagni. Un ripostiglio privo di corpo scaldante fa parte della stessa zona termica dell'unità immobiliare perché la temperatura interna dell'aria è prossima a quella del locale dal quale vi si accede. In questo caso i confini del volume lordo climatizzato dell'edificio coincidono con quelli dell'unica zona termica presente.

Un edificio nel quale non sono rispettate le condizioni suindicate (ad esempio a causa della presenza di due o più impianti di climatizzazione invernale) deve essere suddiviso in più zone termiche.

2.2 Durata del periodo di riscaldamento

L'esercizio degli impianti termici per la climatizzazione invernale è consentito con i limiti imposti dall'art. 4 del DPR 16 aprile 2013, n. 74[8], tenendo conto della classificazione climatica dei comuni italiani introdotta dal DPR del 26 agosto 1993, n. 412, tabella A e successive modifiche ed integrazioni. Ad esempio la città di Roma si trova in zona climatica D, pertanto l'esercizio degli impianti termici per la climatizzazione invernale è consentito per 12 ore giornaliere dal 1 novembre al 15 aprile.

2.3 Durata del periodo di raffrescamento

Nella stagione estiva il primo e l'ultimo giorno del periodo di raffrescamento sono calcolati secondo il metodo b riportato al punto 7.4.1.2 della norma UNI EN ISO 13790:2008, e precisamente come i giorni in cui il rapporto adimensionale dispersioni-apporti $\left(\frac{1}{\gamma_{C,day}}\right)$ per la modalità di raffrescamento è uguale al suo valore limite:

$$\frac{1}{\gamma_{C,day}} = \left(\frac{1}{\gamma_C}\right)_{lim} = \frac{a_C + 1}{a_C}$$

Quindi la stagione di raffrescamento è estesa a tutti i giorni per i quali è verificata la disequazione seguente: $\frac{1}{\gamma_{C,day}} < \left(\frac{1}{\gamma_C}\right)_{lim}$

dove:

γ_C è il rapporto fra energia guadagnata (apporti) e dispersa (perdite) su base mensile. Vedremo in dettaglio come calcolarlo nel Paragrafo 2.22 ma è bene considerare che per quanto riguarda i dati climatici (temperatura dell'aria esterna ed irradiazione solare) utilizzati per il calcolo, è previsto che quelli forniti dalla norma UNI 10349-1 siano riferiti ad un determinato giorno del mese, come indicato nella norma stessa, pertanto per stabilire i giorni limite del periodo di raffrescamento si deve procedere per interpolazione lineare con i valori del mese adiacente;

$\gamma_{C,day}$ è il valore giornaliero di γ_C;

a_C è un parametro numerico adimensionale determinato con l'equazione seguente:

---

[8] Vedi Appendice D: Limiti di esercizio degli impianti termici per la climatizzazione invernale (art. 4 DPR 16 aprile 2013, n. 74)

$$a_C = a_{C,0} + \frac{\tau}{\tau_{C,0}} - \frac{kA_w}{A_f}$$

dove:
- A_w [m²] è l'area finestrata;
- A_f [m²] è l'area climatizzata;
- τ [h] è la costante di tempo della zona termica considerata, calcolata come indicato al Paragrafo 2.21.

Con riferimento al periodo di calcolo mensile si può assumere $a_{C,0} = 8,1$, $\tau_{C,0} = 17$ ore e $k = 13$. Nel caso in cui il calcolo di a_C dia un risultato negativo, si assume $a_{C,0} = 0$.

2.4 Determinazione del fabbisogno di energia termica dell'edificio per la climatizzazione invernale ed estiva

I fabbisogni ideali di energia termica per riscaldamento $(Q_{H,nd})$ e raffrescamento $(Q_{C,nd})$ si esprimono in MJ e si calcolano, per ogni zona dell'edificio e per ogni mese o frazione di mese, in funzione della durata dei periodi di riscaldamento e di raffrescamento, con le equazioni seguenti:

- Nel caso del riscaldamento:

$$Q_{H,nd} = Q_{H,ht} - \eta_{H,gn} \times Q_{gn} = Q_{H,tr} + Q_{H,ve} - \eta_{H,gn} \times (Q_{int} + Q_{sol,w}) \quad (9)$$

- Nel caso di raffrescamento:

$$Q_{C,nd} = Q_{gn} - \eta_{C,ls} \times Q_{C,ht} = (Q_{int} + Q_{sol,w}) - \eta_{C,ls} \times (Q_{C,tr} + Q_{C,ve}) \quad (10)$$

dove:
- $Q_{H,ht}$ [MJ] è lo scambio di energia termica totale nel caso di riscaldamento ed è pari a $(Q_{H,tr} + Q_{H,ve})$;
- $Q_{C,ht}$ [MJ] è lo scambio di energia termica totale nel caso di raffrescamento ed è pari a $(Q_{C,tr} + Q_{C,ve})$;
- $\eta_{H,gn}$ è il fattore di utilizzazione degli apporti di energia termica;

$\eta_{C,ls}$ è il fattore di utilizzazione delle dispersioni di energia termica;

Q_{gn} [MJ] rappresenta gli apporti totali di energia termica, pari a $(Q_{int} + Q_{sol,w})$;

$Q_{H,tr}$ [MJ] è lo scambio di energia termica per trasmissione nel caso di riscaldamento;

$Q_{H,ve}$ [MJ] è lo scambio di energia termica per ventilazione nel caso di riscaldamento;

Q_{int} [MJ] sono gli apporti di energia termica dovuti a sorgenti interne;

$Q_{sol,w}$ [MJ] sono gli apporti di energia termica dovuti alla radiazione solare incidente sui componenti vetrati;

$Q_{C,tr}$ [MJ] è lo scambio di energia termica per trasmissione nel caso di raffrescamento;

$Q_{C,ve}$ [MJ] è lo scambio di energia termica per ventilazione nel caso di raffrescamento.

Gli scambi di energia termica si calcolano con le equazioni seguenti:

- Nel caso del riscaldamento:

$$Q_{H,tr} = H_{tr,adj} \times (\theta_{int,set,H} - \theta_e) \times t + \left\{ \sum_k F_{r,k} \Phi_{r,mn,k} \right\} \times t + \left\{ \sum_l (1 - b_{tr,l}) F_{r,l} \Phi_{r,mn,u,l} \right\} \times t - Q_{sol,op} \quad (11)$$

$$Q_{H,ve} = H_{ve,adj} \times (\theta_{int,set,H} - \theta_e) \times t \quad (12)$$

- Nel caso del raffrescamento:

$$Q_{C,tr} = H_{tr,adj} \times (\theta_{int,set,C} - \theta_e) \times t + \left\{ \sum_k F_{r,k} \Phi_{r,mn,k} \right\} \times t + \left\{ \sum_l (1 - b_{tr,l}) F_{r,l} \Phi_{r,mn,u,l} \right\} \times t - Q_{sol,op} \quad (13)$$

$$Q_{C,ve} = H_{ve,adj} \times (\theta_{int,set,C} - \theta_e) \times t \tag{14}$$

dove:

$H_{tr,adj}$ [W/K] è il coefficiente globale di scambio termico per trasmissione della zona considerata, corretto per tenere conto della differenza di temperatura interno-esterno;

$\theta_{int,set,H}$ [°C] è la temperatura interna di regolazione per il riscaldamento della zona considerata;

$\theta_{int,set,H}$ [°C] è la temperatura interna di regolazione per il raffrescamento della zona considerata;

θ_e [°C] è il valore medio mensile, o della frazione di mese, della temperatura media giornaliera dell'aria esterna definito nella norma UNI 10349-1;

t [Ms] è la durata del mese considerato o della frazione di mese, pari a 10^6 secondi. Il megasecondo è un'unità inusuale ma vediamo un esempio di calcolo per un mese di 30 giorni: $t = 60 \times 60 \times 24 \times 30 = 2.592.000\ s = 2.592 \times 10^{-6}\ s = 2.592\ Ms$

$F_{r,k}$ è il fattore di forma tra il componente edilizio k–esimo dell'ambiente climatizzato e la volta celeste. È pari a $F_{sh,ob,d} \times (1 + \cos\Sigma)/2$, dove Σ è l'angolo d'inclinazione del componente sull'orizzonte, espresso in gradi, e $F_{sh,ob,d}$ il fattore di riduzione per ombreggiatura relativo alla sola radiazione diffusa[9], pari a 1 in assenza di ombreggiature oppure calcolato con il metodo indicato al Paragrafo 2.5;

$\Phi_{r,mn,k}$ [W] è l'extra flusso termico dovuto alla radiazione infrarossa verso la volta celeste dal componente edilizio k–esimo dell'ambiente climatizzato, mediato sul tempo. Per il calcolo dettagliato vedere il Paragrafo 2.20;

$b_{tr,l}$ è il fattore di riduzione delle dispersioni per l'ambiente non climatizzato avente il componente l-esimo soggetto alla radiazione infrarossa verso la volta celeste;

$F_{r,l}$ è il fattore di forma tra il componente edilizio l–esimo dell'ambiente non climatizzato e la volta celeste, si calcola come $F_{r,k}$;

$\Phi_{r,mn,u,l}$ [W] è l'extra flusso termico dovuto alla radiazione infrarossa verso la

---

[9] La radiazione diffusa è detta anche indiretta e rappresenta quella quota di radiazione che ha colpito almeno una particella dei gas atmosferici cambiando angolo di incidenza, ma che arriva comunque al componente edilizio.

volta celeste dal componente edilizio l–esimo dell'ambiente non climatizzato, mediato sul tempo. Si calcola come $\Phi_{r,mn,k}$;

$Q_{sol,op}$ [MJ] sono gli apporti di energia termica dovuti alla radiazione solare incidente sui componenti opachi;

$H_{ve,adj}$ [W/K] è il coefficiente globale di scambio termico per ventilazione della zona considerata, corretto per tenere conto della differenza di temperatura interno-esterno;

$\theta_{int,set,C}$ [°C] è la temperatura interna di regolazione per il raffrescamento della zona considerata.

Per il calcolo di $Q_{H,ve}$ non è ammessa la compensazione tra fabbisogni termici positivi e negativi.

Il coefficiente globale di scambio termico per trasmissione tiene conto delle dispersioni verso l'ambiente esterno, verso il terreno, verso gli ambienti non riscaldati e verso quelli climatizzati a temperatura diversa:

$$H_{tr,adj} = H_D + H_g + H_U + H_A$$

dove:

H_D [W/K] è il coefficiente di scambio termico diretto per trasmissione verso l'ambiente esterno;

H_g [W/K] è il coefficiente di scambio termico stazionario per trasmissione verso il terreno. Se la zona non ha pareti o solai rivolti contro il terreno è pari a zero;

H_U [W/K] è il coefficiente di scambio termico per trasmissione verso gli ambienti non climatizzati. Se la zona non confina con ambienti non climatizzati è pari a zero;

H_A [W/K] è il coefficiente di scambio termico per trasmissione verso altre zone climatizzate a temperatura diversa. Se la zona non confina con altre zone climatizzate a temperatura diversa è pari a zero.

Il calcolo di H_D si esegue in base alla norma UNI EN ISO 13789:2008, con la formula seguente:

$$H_D = \sum_i U_i A_i$$

dove:
U_i [W/m²K] è la trasmittanza termica dell'i-esimo componente dell'involucro. In assenza di dati di progetto attendibili i valori dei parametri termici dei componenti edilizi di edifici esistenti possono essere ricavati da valori tabellati indicati nelle norme oppure da altra letteratura tecnica risalente all'epoca di costruzione, in tal caso l'origine dei dati deve essere riportata nel rapporto finale di calcolo. Un componente per il quale è spesso difficile ricavare informazioni, soprattutto se di epoca non recente, è il cassonetto per tapparelle avvolgibili, ma la norma UNI/TS 11300-1:2014 consente di assumere una trasmittanza termica di 1 W/m²K per i cassonetti isolati e di 6 W/m²K per quelli non isolati. Quando la trasmittanza termica può variare deve essere utilizzato il valore massimo;
A_i [m²] è la superficie lorda disperdente del componente con trasmittanza U_i dove per le dimensioni di porte e finestre sono assunte le dimensioni delle aperture nella parete.

Il calcolo di H_g si esegue in base alla norma UNI EN ISO 13370:2008, che ci suggerisce 4 diversi metodi di calcolo. Se abbiamo un pavimento controterra o su intercapedine, oppure un piano interrato non riscaldato o parzialmente riscaldato, il metodo più semplice per calcolarlo è mediante l'equazione seguente:

$$H_g = AU + P(\Psi_g + \Psi_{g,e}) \qquad (15)$$

dove:
A [m²] è l'area del pavimento;
U [W/m²K] nel caso di pavimenti controterra o su intercapedine è la trasmittanza termica del pavimento e si calcola come indicato nei paragrafi 1.5, 1.6, 1.7 e 1.8, nel caso di piani interrati non riscaldati o parzialmente riscaldati è la trasmittanza termica totale del piano interrato, tra l'ambiente interno ed esterno, e si calcola come indicato nei paragrafi 1.10 e 1.11;
P [m] è il perimetro esposto del pavimento, ovvero la lunghezza totale delle pareti esterne che separano l'edificio riscaldato dall'ambiente esterno o da uno spazio non riscaldato esterno alla parte termicamente isolata del fabbricato;
Ψ_g [W/mK] è la trasmittanza termica lineare del ponte termico dovuto alla giunzione muro/pavimento, calcolata come indicato al Capitolo 4.
$\Psi_{g,e}$ [W/mK] è la trasmittanza termica lineare dovuta all'isolamento del bordo

intorno al pavimento controterra o intorno alla base dell'intercapedine. Se l'isolamento è assente o se la larghezza/profondità dell'isolamento è grande[10] in confronto alla larghezza dell'edificio, $\Psi_{g,e}$ è pari a zero. Se l'isolamento è posizionato orizzontalmente lungo il perimetro del pavimento, $\Psi_{g,e}$ si calcola con l'equazione seguente:

$$\Psi_{g,e} = -\frac{\lambda}{\pi}\left[ln\left(\frac{D}{d_t}+1\right) - ln\left(\frac{D}{d_t+d'}+1\right)\right]$$

dove, oltre ai simboli già definiti nel Capitolo 1:
D [m] è la larghezza dell'isolamento del bordo orizzontale;
d' [m] è lo spessore equivalente aggiuntivo dell'isolamento del bordo ed è pari a $R'\lambda$, dove λ è valore di conduttività termica dell'isolamento e R' è la resistenza termica aggiuntiva che si calcola con la formula seguente:

$$R' = R_n - \frac{d_n}{\lambda}$$

dove d_n è lo spessore dell'isolamento del bordo, espresso in metri, e R_n la sua resistenza termica, espressa in m²K/W.

Se l'isolamento è posizionato verticalmente lungo il perimetro del pavimento, al di sotto del livello del suolo, oppure se le fondazioni sono costituite di materiale con conduttività termica minore di quella del terreno, $\Psi_{g,e}$ si calcola con l'equazione seguente:

$$\Psi_{g,e} = -\frac{\lambda}{\pi}\left[ln\left(\frac{2D}{d_t}+1\right) - ln\left(\frac{2D}{d_t+d'}+1\right)\right]$$

dove, oltre ai simboli già definiti, D indica la profondità dell'isolamento verticale del bordo al di sotto del livello del terreno;

---

[10] La norma UNI EN ISO 13370:2008 non specifica esattamente quale rapporto debba esserci tra la larghezza o la profondità dell'isolamento (che indichiamo con D) e la larghezza dell'edificio ma è evidente che se ad esempio un isolamento orizzontale si estende per tutta la superficie del pavimento, o per gran parte di esso, deve essere considerato nel calcolo della trasmittanza termica del pavimento e non come isolamento del bordo. Allo stesso modo se un isolamento verticale si estende per tutta la superficie della parete esterna, o per gran parte di essa, deve essere considerato nel calcolo della trasmittanza termica della parete e non come isolamento del bordo.

Se è presente più di un tipo di isolamento del bordo bisogna calcolare $\Psi_{g,e}$ separatamente per ciascun tipo e utilizzare quello che fornisce la minore dispersione di energia.

Se abbiamo un piano interrato abitabile riscaldato, con pavimento e pareti esterne a contatto con il terreno, l'equazione (15) non è valida e dobbiamo utilizzare la seguente:

$$H_g = (AU_{bf}) + (zPU_{bw}) + (P\Psi_g)$$

dove, oltre ai simboli già definiti:
U_{bf} [W/m²K] è la trasmittanza termica del pavimento del piano interrato, calcolata come indicato al Paragrafo 1.9;
z   [m] è la profondità della superficie superiore del pavimento del piano interrato rispetto al livello del terreno;
U_{bw} [W/m²K] è la trasmittanza termica delle pareti esterne del piano interrato, a contatto con il terreno, calcolata come indicato al Paragrafo 1.9.

Solo per gli edifici esistenti, in assenza di dati di progetto attendibili o comunque di informazioni più precise, lo scambio di energia termica attraverso solette sospese sopra vespaio può essere calcolato con lo stesso metodo utilizzato per lo scambio di energia termica verso ambienti non climatizzati, e incluso nel calcolo di H_U. In tal caso $b_{tr,U}$ si ricava dalla Tabella 2.1 ed è pari a 0,8.

Il calcolo di H_U si esegue in base alla norma UNI EN ISO 13789:2008 e al Paragrafo 11 della norma UNI/TS 11300-1:2014:

$$H_U = H_{iu} \times b_{tr,U}$$

dove:
H_{iu} [W/K] è il coefficiente di trasferimento del calore diretto tra l'ambiente climatizzato e l'ambiente non climatizzato. Si calcola come indicato con la formula (16);
$b_{tr,U}$ è il fattore di correzione dello scambio di energia termica tra ambienti climatizzato e non climatizzato e si calcola in questo modo:

$$b_{tr,U} = \frac{H_{ue}}{H_{iu} + H_{ue}}$$

dove H_{iu} è lo stesso visto poco sopra mentre H_{ue} è il coefficiente di scambio termico tra l'ambiente non climatizzato e l'ambiente esterno, è espresso in W/K e si calcola come indicato con la formula (17). $b_{tr,U}$ è pari a 1 solo nel caso in cui la temperatura dell'ambiente non climatizzato sia uguale a quella dell'ambiente esterno.

Lo scambio di energia termica di un ambiente climatizzato verso l'esterno, ma attraverso un locale non climatizzato, è minore rispetto all'assenza di quest'ultimo, infatti si può notare che al diminuire del fattore correzione $b_{tr,U}$ la capacità isolante aumenta. Per gli edifici esistenti, in assenza di dati di progetto attendibili o comunque di informazioni più precise, i valori del fattore $b_{tr,U}$ si possono assumere dalla tabella seguente e inoltre in tal caso non viene determinato l'extra flusso termico verso la volta celeste degli ambienti non climatizzati, pertanto nelle equazioni (11) e (13) il termine $\Phi_{r,mn,u,l}$ è pari a 0:

Ambiente confinante	$b_{tr,U}$
Ambiente	
- con una parete esterna	0,4
- senza serramenti esterni e con almeno due pareti esterne	0,5
- con serramenti esterni e con almeno due pareti esterne (es. autorimesse)	0,6
- con tre pareti esterne (es. vani scala esterni)	0,8
Piano interrato o seminterrato	
- senza finestre o serramenti esterni	0,5
- con finestre o serramenti esterni	0,8
Sottotetto	
- tasso di ventilazione del sottotetto elevato (per esempio tetti ricoperti con tegole o altri materiali di copertura discontinua) senza rivestimento con feltro o assito	1,0
- altro tetto non isolato	0,9
- tetto isolato	0,7
Aree interne di circolazione (senza muri esterni e con tasso di ricambio d'aria minore di 0,5 volumi l'ora)	0,0
Aree interne di circolazione liberamente ventilate (rapporto tra l'area delle aperture e volume dell'ambiente maggiore di 0,005 m²/m³)	1,0
Solette sospese (solette sopra vespaio)	0,8
Pavimento o parete controterra	0,45

Tabella 2.1 – Fattore di correzione $b_{tr,U}$
[Fonte: UNI/TS 11300-1:2014, punto 11.2, prospetto 7]

Per determinare H_{iu} e H_{ue} utilizziamo le formule seguenti:

$$H_{iu} = H_{T,iu} + H_{V,iu} \qquad (16)$$

$$H_{ue} = H_{T,ue} + H_{V,ue} \qquad (17)$$

con $\qquad H_{V,iu} = \dot{V}_{iu} \times \rho_a c_a \qquad$ e $\qquad H_{V,ue} = \dot{V}_{ue} \times \rho_a c_a$

dove:
$H_{T,iu}$ [W/K] è il coefficiente di trasmissione tra l'ambiente climatizzato e l'ambiente non climatizzato, calcolato con lo stesso metodo di H_D;

$H_{T,ue}$ [W/K] è il coefficiente di trasmissione tra l'ambiente non climatizzato e l'ambiente esterno, calcolato con lo stesso metodo di H_D;

$H_{V,iu}$ [W/K] è il coefficiente di trasferimento del calore per ventilazione tra l'ambiente climatizzato e l'ambiente non climatizzato;

$H_{V,ue}$ [W/K] è il coefficiente di trasferimento del calore per ventilazione tra l'ambiente non climatizzato e l'ambiente esterno;

$\dot{V}_{iu}$ [m³/h] è la portata d'aria tra l'ambiente climatizzato e non climatizzato;

$\dot{V}_{ue}$ [m³/h] è la portata d'aria tra l'ambiente non climatizzato e l'ambiente esterno;

$\rho_a c_a$ [Wh/m³K] è la capacità termica volumica dell'aria pari a 0,34 Wh/m³K a 20° C, equivalente a 1200 J/m³K.

Tipologia di tenuta all'aria dello spazio non climatizzato	n_{ue}
Assenza di porte o finestre, tutte le giunzioni tra i componenti ben sigillate, aperture di ventilazione non previste	0,1
Tutte le giunzioni tra i componenti ben sigillate, assenza di aperture per ventilazione	0,5
Tutte le giunzioni tra i componenti ben sigillate, presenza di piccole aperture per ventilazione	1
Assenza di tenuta all'aria dovuta ad alcune giunzioni aperte localizzate o aperture di ventilazione permanenti	3
Assenza di tenuta all'aria dovuta a numerose giunzioni aperte, o ampie o numerose aperture di ventilazione permanenti	10

Tabella 2.2 – Numero di ricambi orari
[Fonte: UNI EN ISO 13789:2008, punto 8.4, prospetto 2]

In base alla norma UNI EN ISO 13789:2008, per non sottostimare la perdita di calore per trasmissione, $\dot{V}_{iu}$ deve essere assunta pari a zero. $\dot{V}_{ue}$ deve essere invece calcolata come segue:

$$\dot{V}_{ue} = V_u \times n_{ue}$$

dove:
V_u [m³] è il volume d'aria nello spazio non riscaldato, calcolato in base alle dimensioni interne;

n_{ue} [h⁻¹] è il numero di ricambi orari ricavato dalla Tabella 2.2.

Il calcolo di H_A si esegue in base alla norma UNI EN ISO 13789:2008:

$$H_A = bH_{ia}$$

dove:
b è il fattore di correzione della temperatura e può assumere valori negativi:

$$b = \frac{\theta_{int,set} - \theta_a}{\theta_{int,set} - \theta_e}$$

dove:
$\theta_{int,set}$ [°C] è la temperatura interna prefissata della zona termica considerata;
θ_a [°C] è la temperatura dell'edificio adiacente;
θ_e [°C] è il valore medio mensile della temperatura media giornaliera dell'aria esterna definito nella norma UNI 10349-1.

H_{ia} [W/K] è il coefficiente di trasferimento del calore diretto tra l'ambiente climatizzato e l'edificio adiacente, calcolato con lo stesso metodo di H_D.

Il coefficiente globale di scambio termico per ventilazione si calcola con l'equazione seguente:

$$H_{ve,adj} = \rho_a c_a \times \left\{ \sum_k b_{ve,k} \times q_{ve,k,mn} \right\}$$

dove $\rho_a c_a$ è la capacità termica volumica dell'aria che abbiamo visto nei calcoli precedenti, mentre:
$b_{ve,k}$ è il fattore di correzione della temperatura per il flusso d'aria k-esimo ed è pari a 1 in ventilazione naturale. É diverso da 1 se la temperatura di mandata non è uguale alla temperatura dell'ambiente esterno, come nel caso di pre-riscaldamento o pre-raffrescamento dell'aria di ventilazione che attraversa ambienti non climatizzati e in questi casi si calcola con l'espressione seguente:

$$b_{ve,k} = \frac{\theta_{int,set} - \theta_{sup}}{\theta_{int,set} - \theta_e} \qquad (18)$$

dove $\theta_{int,set}$ e θ_e sono gli stessi visti poco sopra mentre θ_{sup} è il valore della temperatura di immissione dell'aria nella zona dopo il pre-riscaldamento o pre-raffreddamento, espresso in °C. Nel caso di recuperatori di calore la temperatura θ_{sup} si calcola come segue:

$$\theta_{sup} = \theta_{out,re} + \Delta\theta_{out,re}^{sup}$$

dove:

$$\theta_{out,re} = \theta_{in,re} + \eta_{hru,eff} \times (\theta_{in,ext} - \theta_{in,re})$$

$$\theta_{in,re} = \theta_e + \Delta\theta_e^{in,re}$$

$$\theta_{in,ext} = \theta_{int,set} + \Delta\theta_{int,set}^{in,ext}$$

$\Delta\theta_{out,re}^{sup}$ [°C] è la differenza di temperatura tra l'immissione in zona e la mandata del recuperatore alla zona, dovuta agli scambi termici del condotto con l'ambiente circostante;

$\eta_{hru,eff}$ è l'efficienza termica effettiva del recuperatore termico;

$\Delta\theta_e^{in,re}$ [°C] è la differenza di temperatura tra l'ingresso nel recuperatore e la griglia di aspirazione dell'aria esterna, dovuta agli scambi termici del condotto con l'ambiente circostante;

$\Delta\theta_{int,set}^{in,ext}$ [°C] è la differenza di temperatura tra l'ingresso nel recuperatore e l'estrazione dalla zona, dovuta agli scambi termici del condotto con l'ambiente circostante.

Nel caso di ventilazione meccanica senza alcun trattamento dell'aria si pone $b_{ve,k} = 1$ perché la correzione della temperatura per il flusso d'aria è già considerata all'interno del termine $q_{ve,k,mn}$;

$q_{ve,k,mn}$ [m³/s] è la portata media giornaliera media mensile del flusso d'aria k-esimo. Dipende dal tipo di ventilazione presente nell'edificio, come indicato in dettaglio nei paragrafi 2.7, 2.8, 2.9, 2.10 e 2.11.

2.5 Il fattore di riduzione per ombreggiatura

Il fattore di riduzione per ombreggiatura relativo a ostruzioni esterne e ad aggetti orizzontali o verticali si calcola, per ogni superficie opaca o componente vetrato, con la seguente equazione:

$$F_{sh,ob} = F_{hor} \times min(F_{ov}, F_{fin}) \qquad (19)$$

dove:
F_{hor} è il fattore di ombreggiatura relativo a ostruzioni esterne;
F_{ov} è il fattore di ombreggiatura relativo ad aggetti orizzontali;
F_{fin} è il fattore di ombreggiatura relativo ad aggetti verticali.

I fattori di ombreggiatura sono elencati, per ogni mese dell'anno, nell'Appendice D della norma UNI/TS 11300-1:2014, in base all'esposizione e alla latitudine. Per calcolare gli angoli caratterizzanti le ombreggiature si utilizza la formula seguente:

$$\alpha = arctan \frac{h}{d}$$

dove:
h [m] è la profondità dell'aggetto oppure l'altezza dell'ostruzione esterna rispetto al baricentro del componente vetrato o della superficie opaca. Per calcolare il baricentro di un componente vetrato si deve considerare la superficie esterna comprensiva del telaio;
d [m] è la distanza dall'intradosso dell'aggetto al baricentro del componente vetrato o della superficie opaca, oppure la distanza dall'ostruzione esterna al baricentro. Se l'aggetto o l'ostruzione esterna laterale non formano un angolo di 90° con il componente vetrato o la superficie opaca, si prende come riferimento il punto più sporgente, come mostrato nella Figura 2.3.

In caso di presenza di più aggetti od ostruzioni della stessa tipologia, si considera solo quello che determina l'angolo maggiore o comunque quello che per esposizione incide maggiormente.

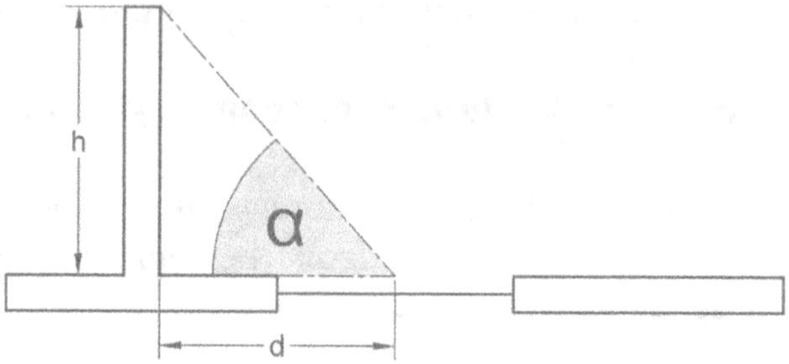

Renzo De Renzi - L'efficienza energetica degli edifici pubblici e privati **45**

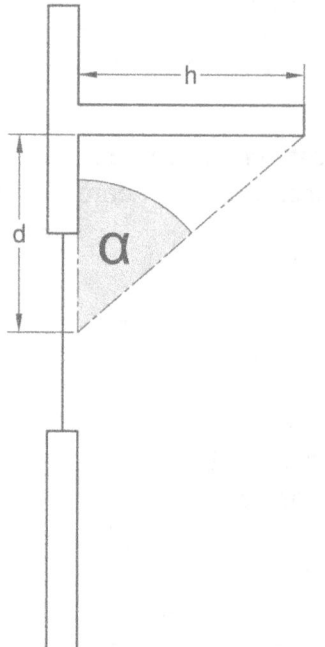

Figura 2.1 – Sezione verticale di un aggetto orizzontale sopra un componente vetrato

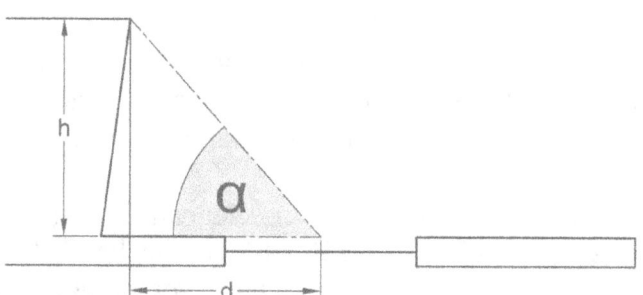

Figura 2.2 – Sezione orizzontale di una aggetto verticale accanto a un componente vetrato

Figura 2.3 – Sezione orizzontale di una ostruzione esterna, accanto a un componente vetrato, causata da una sporgenza dell'edificio o da un altro edificio

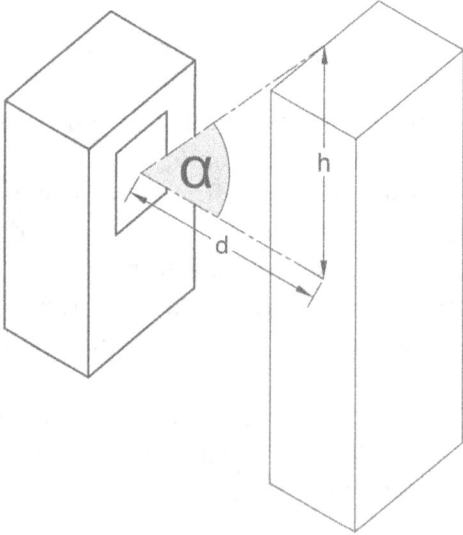

Figura 2.4 – Ostruzione esterna causata da altri edifici, alture, alberi etc.

Nel calcolo del fattore di forma tra il componente edilizio k–esimo dell'ambiente climatizzato e la volta celeste, che abbiamo visto nel Paragrafo 2.4, è presente il fattore di riduzione per ombreggiatura relativo alla sola radiazione diffusa, indicato con $F_{sh,ob,d}$. In questo caso il calcolo si effettua con l'equazione (19), utilizzando i fattori di ombreggiatura relativi alla sola radiazione diffusa elencati nei prospetti D.13, D.26 e D.39 dell'Appendice D della norma UNI/TS 11300-1:2014.

2.6 Calcolo della temperatura in un ambiente non climatizzato adiacente ad un ambiente climatizzato

I locali non climatizzati beneficiano del calore ceduto dagli ambienti adiacenti climatizzati. non climatizzato adiacente ad un ambiente climatizzato si calcola con l'equazione seguente[11]:

$$\theta_u = \frac{\Phi + H_{ue} \times \theta_e + H_{iu} \times \theta_{int,set,H}}{(H_{iu} + H_{ue})}$$

dove:

Φ [W] è il flusso termico prodotto all'interno dell'ambiente non climatizzato, come ad esempio il flusso termico prodotto dalle sorgenti di calore interne o quello di origine solare attraverso le partizioni trasparenti;

$\theta_{int,set}$ [°C] è la temperatura interna prefissata dell'ambiente climatizzato;

θ_e [°C] è la temperatura esterna;

H_{iu} e H_{ue} sono i coefficienti già definiti nel Paragrafo 2.4.

In questo calcolo non abbiamo considerato né l'extra flusso termico dovuto alla radiazione infrarossa verso la volta celeste né gli apporti di energia termica dovuti alla radiazione solare incidente sui componenti opachi.

2.7 Edifici nei quali si ha solo ventilazione naturale

Nella valutazione sul progetto o standard le condizioni di ventilazione sono distinte a seconda che si intenda calcolare la "prestazione termica del fabbricato" oppure la "prestazione energetica dell'edificio". Nel primo caso, indipendentemente dall'eventuale presenza di un impianto di ventilazione meccanica, si fa

---

[11] Norma UNI EN ISO 13789:2008, Appendice A.

convenzionalmente riferimento alla semplice aerazione naturale in condizioni standard (ventilazione di "riferimento") in quanto lo scopo è calcolare i fabbisogni ideali di energia termica per il riscaldamento $(Q_{H,nd})$ e il raffrescamento $(Q_{C,nd})$. Nel secondo si considera anche l'eventuale presenza dell'impianto di ventilazione meccanica (ventilazione "effettiva") perché lo scopo è calcolare i fabbisogni di energia primaria per la climatizzazione invernale $(E_{P,H})$ ed estiva $(E_{P,C})$. Nel caso in cui non vi sia alcun impianto di ventilazione meccanica, la ventilazione "effettiva" coincide con quella di "riferimento". Nel caso di ventilazione per sola aerazione naturale la portata media giornaliera media mensile del flusso d'aria k-esimo si calcola come segue:

$$q_{ve,k,mn} = q_{ve,0,k} \times f_{ve,t,k}$$

dove:

$q_{ve,0,k}$ [m³/s] è la portata minima di progetto di aria esterna;

$f_{ve,t,k}$ è il fattore di correzione che rappresenta la frazione di tempo in cui si attua il flusso d'aria k-esimo e che tiene conto dell'effettivo profilo di utilizzo e delle infiltrazioni che si hanno quando non si opera l'areazione. I valori sono riportati nella tabella seguente:

Categoria di edificio	Sottocategoria	Destinazione d'uso	$f_{ve,t}$
E.1 Edifici adibiti a residenza e assimilabili	E.1 (1) Residenze a carattere continuativo	Abitazioni civili (compresa l'eventuale estrazione meccanica dei bagni)	0,60
		Collegi, luoghi di ricovero, case di pena, caserme, conventi	
		Sale riunioni	0,51
		Dormitorio/camera	1,00
		Servizi igienici con estrazione	0,08
	E.1 (2) Residenze occupate saltuariamente	Vale quanto prescritto per le residenze a carattere continuativo	0,60
	E.1 (3) Alberghi pensioni e attività similari	Ingresso, soggiorni	1,00
		Sale conferenze/auditori (piccoli)	0,47
		Sale da pranzo	0,34
		Camere da letto	0,26
E.2 Edifici per uffici e assimilabili		Uffici singoli	0,59
		Uffici open space	0,59
		Call-Center/centro	0,59

		inserimento	
		Locali riunione	0,51
E.3 Ospedali cliniche, case di cura e assimilabili		Degenze (2-3 letti)	1,00
		Corsie	1,00
		Camere per infettivi	1,00
		Camere per immunodepressi	1,00
		Sale mediche	1,00
		Soggiorni	0,68
		Terapie fisiche	0,51
		Diagnostiche	0,51
E.4 Edifici adibiti ad attività ricreative, associative, di culto e assimilabili	E.4 (1) Cinema, teatri, sale per congressi	Atrii, sale attesa, zona bar annessa	0,51
		Platee, loggioni, aree per il pubblico, sale cinematografiche, sale teatrali, sale per riunioni	0,51
		Sala scommesse	0,43
	E.4 (2) Mostre, musei, biblioteche, luoghi di culto	Sala mostre pinacoteche, musei	1,00
		Sala lettura biblioteche	0,51
		Luoghi di culto	0,34
	E.4 (3) Bar, ristoranti, sale da ballo	Bar	0,55
		Pasticcerie	0,47
		Self-service	0,34
		Sale da ballo, discoteche	0,43
E.5 Edifici adibiti ad attività commerciale e assimilabili		Grandi magazzini - piano interrato	0,47
		Negozi o reparti di grandi magazzini	0,51
		Barbieri, saloni bellezza	0,51
		Abbigliamento, calzature, mobili, ottici, fioristi, fotografi	0,51
		Alimentari, lavasecco, farmacie	0,51
		Zone pubblico banche, quartieri fieristici	0,55
E.6 Edifici adibiti ad attività sportiva	E.6 (1) Piscine, saune e assimilabili	Piscine (sala vasca)	0,34
		Spogliatoi	0,34
	E.6 (2) Palestre e assimilabili	Palazzetti sportivi (campi da gioco)	0,18
		Zone spettatori in piedi	0,18
		Zone spettatori seduti	0,18
	E.6 (3) Servizi di supporto alle attività sportive	Spogliatoi atleti	0,43
E.7		Asili nido e scuole	0,47

Edifici adibiti ad attività scolastiche e assimilabili		materne	
		Aule scuole elementari	0,47
		Aule scuole medie inferiori	0,47
		Aule scuole medie superiori	0,47
		Aule universitarie	0,51
		Servizi	0,51
		Biblioteche, sale lettura	0,43
		Aule musica e lingue	0,43
		Laboratori chimici/biologici	0,43
		Laboratori	0,43
		Sale insegnanti	0,47
E.8 Edifici adibiti ad attività industriali ed artigianali e assimilabili			0,51

Tabella 2.3 – Fattore di correzione $f_{ve,t}$
[Fonte: UNI/TS 11300-1:2014, Appendice E, prospetto E.2]

Per le abitazioni civili (E.1)[12] e per gli edifici adibiti ad attività industriali ed artigianali e assimilabili (E.8) la portata minima di progetto di aria esterna si calcola secondo l'equazione seguente, assumendo un tasso di ricambio d'aria di progetto n pari a 0,5/ora[13], quindi in un'ora va ricambiata la metà del volume della zona considerata:

$$q_{ve,0} = n \times V / 3600$$

dove V è il volume netto della zona termica considerata, espresso in m³, comprensivo di cucine, bagni, corridoi e locali di servizio. Questa equazione si applica anche per determinare il ricambio d'aria nei servizi igienici con estrazione, indipendentemente dalla destinazione d'uso dell'edificio. Per le altre destinazioni d'uso la portata minima di progetto di aria esterna si calcola secondo l'equazione seguente:

$$q_{ve,0} = \left(\sum_k n_{per,k} \times q_{ve,0,p,k} + \sum_k A_{f,k} \times q_{ve,0,s,k} \right) \times \frac{0,8}{\varepsilon_{ve,c}} \times (C_1 \times C_2)$$

dove:

---

[12] Vedi Appendice C: Classificazione generale degli edifici per categorie (art. 3 DPR 26 agosto 1993, n. 412).
[13] Punto 12.2 della norma UNI/TS 11300-1:2014.

$n_{per,k}$ è numero di persone nella sub-zona k-esima, previste a progetto o calcolato mediante l'affollamento convenzionale come $n_{per,k} = (n_{s,k} \times A_{f,k})$;

$n_{s,k}$ è l'indice di affollamento convenzionale per ogni metro quadrato di superficie nella sub-zona k-esima, ricavato dalla tabella seguente:

Classificazione degli edifici per categorie	n_s
EDIFICI ADIBITI A RESIDENZA E ASSIMILABILI	
- abitazioni civili:	
soggiorni, camere letto	0,04
- collegi, luoghi di ricovero, case di pena, caserme, conventi:	
soggiorni	0,20
sale riunioni	0,60
dormitori	0,10
camere letto	0,05
- alberghi, pensioni:	
ingresso, soggiorni	0,20
sale conferenze (piccole)	0,60
camere letto	0,05
EDIFICI PER UFFICI E ASSIMILABILI	
uffici singoli	0,06
uffici open space	0,12
locali riunione	0,60
centri elaborazione dati	0,08
OSPEDALI, CLINICHE, CASE DI CURA E ASSIMILABILI	
degenze (2-3 letti)	0,08
corsie	0,12
camere sterili e infettive	0,08
visita medica	0,05
soggiorni, terapie fisiche	0,20
EDIFICI ADIBITI AD ATTIVITÀ RICREATIVE, ASSOCIATIVE, DI CULTO	
- cinematografi, teatri, sale congressi:	
sale in genere	1,50
biglietterie, ingressi	0,20 (medio)
borse titoli e simili	0,50
sale attesa stazioni e metropolitane, ecc.	1,00
- musei, biblioteche, luoghi di culto	
sale in genere	0,30
luoghi culto	0,80
- bar, ristoranti, sale da ballo	
bar in genere	0,80
sale pranzo ristoranti	0,60
sale da ballo	1,00
ATTIVITÀ COMMERCIALI E ASSIMILABILI	
- grandi magazzini	0,25
- negozi o reparti di grandi magazzini:	
alimentari, abbigliamento, calzature, mobili, ottici, fioristi, fotografi	0,10
barbieri, saloni di bellezza, lavasecco, farmacie, zona pubblico banche	0,20
- quartieri fieristici	0,20

EDIFICI ADIBITI AD ATTIVITÀ SPORTIVA	
- piscine, saune e assimilabili:	
piscine (sala vasca)	0,30
saune	0,50
ingressi	0,20
- palestre e assimilabili:	
campi gioco	0,20
zone spettatori	1,50
bowling	0,60
ingressi	0,20
EDIFICI ADIBITI AD ATTIVITÀ SCOLASTICHE	
- asili nido e scuole materne	0,40
- aule scuole elementari, medie inferiori e superiori	0,45
- aule universitarie	0,60
- altri locali:	
aule musica e lingue	0,50
laboratori	0,30
sale insegnanti	0,30

Tabella 2.4 – Indice di affollamento convenzionale
[Fonte: UNI 10339:1995, Appendice A]

Altitudine	Coefficiente correttivo
0 m slm	1,00
500 m slm	1,06
1000 m slm	1,12
1500 m slm	1,18
2000 m slm	1,25
2500 m slm	1,31
3000 m slm	1,38

Tabella 2.5 – Coefficiente correttivo C_2
[Fonte: UNI 10339:1995, prospetto IV, punto 9.1.1.2]

$A_{f,k}$ [m²] è l'area della superficie utile della sub-zona k-esima servita dalla ventilazione;

$q_{ve,0,p,k}$ [m³/s] è la portata specifica di aria esterna per persona nella sub-zona k-esima;

$q_{ve,0,s,k}$ [m³/(s×m²)] è la portata specifica di aria esterna per unità di superficie utile servita dalla ventilazione nella sub-zona k-esima;

$\varepsilon_{ve,c}$ è l'efficienza convenzionale di ventilazione, che dipende dalla tipologia dei terminali del sistema di ventilazione; in assenza di dati provenienti da norme specifiche si assume convenzionalmente pari a 0,8;

C_1 è il coefficiente correttivo per impianti misti, che è determinato in relazione con il tipo di terminale ad acqua; in assenza di dati provenienti da norme specifiche si assume convenzionalmente pari a 1;

C_2 è il coefficiente correttivo in funzione dell'altitudine, ricavato dalla

Tabella 2.5.

La portata specifica di aria esterna per persona e per unità di superficie si ricava dalla tabella seguente:

Categorie di edifici	$q_{ve,0,p}$	$q_{ve,0,s}$	Note
EDIFICI EDIBITI A RESIDENZA E ASSIMILABILI			
RESIDENZE A CARATTERE CONTINUATIVO			
- Abitazioni civili:			
soggiorni, camere da letto	11	-	-
cucina, bagni, servizi	estrazioni		A
- Collegi, luoghi di ricovero, case di pena, caserme, conventi:			
sale riunioni	9*	-	-
dormitori/camere	11	-	-
cucina	-	16,5	-
bagni/servizi	estrazioni		A
RESIDENZE OCCUPATE SALTUARIAMENTE			
Vale quanto prescritto per le residenze a carattere continuativo			
ALBERGHI, PENSIONI ecc.			
- ingresso, soggiorni	11	-	-
- sale conferenze (piccole)	5,5*	-	-
- auditori (grandi)	5,5*	-	-
- sale da pranzo	10	-	-
- camere da letto	11	-	-
- bagni, servizi	estrazioni		-
EDIFICI PER UFFICI E ASSIMILABILI			
- uffici singoli	11	-	-
- uffici open space	11	-	-
- locali riunione	10*	-	-
- centri elaborazione dati	7	-	-
- servizi	estrazioni		A
OSPEDALI, CLINICHE, CASE DI CURA E ASSIMILABILI**			
- degenze (2-3 letti)	11	-	-
- corsie	11	-	-
- camere sterili	11	-	-
- camere per infettivi	-	-	D
- sale mediche/soggiorni	8,5	-	-
- terapie fisiche	11	-	-
- sale operatorie/sale parto	-		D
- servizi	estrazioni		A
EDIFICI ADIBITI AD ATTIVITÀ RICREATIVE ASSOCIATIVE DI CULTO E ASSIMILABILI			
CINEMA, TEATRI, SALE PER CONGRESSI			
- atri, sale di attesa, bar	estrazioni		-
- platee, loggioni, aree per il pubblico, sale cinematografiche, sale teatrali, sale per riunioni senza fumatori	5,5*	-	-
- palcoscenici, studi TV	12,5*	-	-
- sale riunioni con fumatori	10*	-	-
- servizi	estrazioni		A
- borse titoli	10*	-	-
- sale attesa stazioni e metropolitane, ecc.	estrazioni		A

MOSTRE, MUSEI, BIBLIOTECHE, LUOGHI DI CULTO			
- sale mostre, pinacoteche, musei	6*	-	-
- sale lettura biblioteche	5,5*	-	-
- depositi libri	-	1,5	-
- luoghi di culto	6*	-	-
- servizi	estrazioni		A
BAR, RISTORANTI, SALE DA BALLO			
- bar	11	-	A
- pasticcerie	6	-	A
- sale pranzo ristoranti e self-service	10	-	-
- sale da ballo	16,5*	-	-
- cucine	-	16,5	-
- servizi	estrazioni		A
ATTIVITÀ COMMERCIALI E ASSIMILABILI			
- grandi magazzini:			
piano interrato	9	-	B
piani superiori	6,5	-	-
- negozi o reparti di grandi magazzini:			
barbieri, saloni di bellezza	14	-	-
abbigliamento, calzature, mobili, ottici, fioristi, fotografi	11,5	-	-
alimentari, lavasecco, farmacie	9	-	-
- zone pubblico, banche, quartieri fieristici	10	-	-
EDIFICI ADIBITI AD ATTIVITÀ SPORTIVA			
PISCINE, SAUNE E ASSIMILABILI			
- piscine (sala vasca)	-	2,5	C
- piscine (spogliatoi/servizi)	estrazioni		A
- saune	-	2,5	C
PALESTRE E ASSIMILABILI			
- palazzetti sportivi	6,5*	-	-
- bowling	10	-	-
- palestre:			
campi gioco	16,5*	-	-
zone spettatori	6,5*	-	-
- altri locali:			
spogliatoi/servizi atleti	estrazioni		A
servizi pubblico	estrazioni		A
EDIFICI ADIBITI AD ATTIVITÀ SCOLASTICHE E ASSIMILABILI			
- asili nido e scuole materne	4	-	-
- aule scuole elementari	5	-	-
- aule scuole medie inferiori	6	-	-
- aule scuole medie superiori	7	-	-
- università:			
aule	7	-	-
transiti, corridoi	-		-
servizi	estrazioni		A
- altri locali:			
biblioteche, sale lettura	6	-	-
aule musica e lingue	7	-	-
laboratori	7	-	-
sale insegnanti	6	-	-

* Per queste categorie è necessario calcolare la portata effettiva Q_{ope} come indicato di seguito in questo stesso Paragrafo.
** Per gli ambienti di questa categoria non è ammesso utilizzare aria di ricircolo.
Note: A - Ricambio richiesto per i servizi igienici:
- edifici adibiti a residenza e assimilabili: 0,0011 vol/s (4 vol/h)

> - altre categorie: 0,0022 vol/s (8 vol/h)
>   il volume è quello relativo ai bagni, antibagni esclusi.
> B - Verificare i regolamenti locali
> C - Valori più elevati possono essere richiesti per il controllo dell'umidità
> D - Per questi ambienti le portate d'aria devono essere stabilite in relazione alle prescrizioni vigenti ed alle specifiche esigenze delle singole applicazioni

Tabella 2.6 - Portata specifica di aria esterna per persona e per unità di superficie
[Fonte: UNI 10339:1995, prospetto III, punto 9.1.1]

Nella Tabella 2.6 i valori evidenziati con un solo asterisco non sono quelli effettivi utilizzabili per il dimensionamento, per questi è necessario calcolare la portata effettiva Q_{ope}, che si determina con la seguente procedura:

per $V/n \leq 15$ $\qquad Q_{ope} = q_{ve,0,p}$
per $45 < V/n < 15$ $\qquad$ si applica il metodo B
per $V/n \geq 45$ $\qquad$ si applica il metodo A

dove V è il volume netto degli ambienti in esame e n l'affollamento, pertanto il rapporto V/n indica i metri cubi che ogni persona ha a disposizione.

Metodo A
1. si ricava $q_{ve,0,p}$ dalla Tabella 2.6;
2. si determina la portata di aria esterna minima consentita Q_{opmin} mediante la Tabella 2.7;
3. la portata effettiva Q_{ope} viene assunta uguale a Q_{opmin}.

$q_{ve,0,p}$ [10^{-3} m³/s per persona]	Q_{opmin} [10^{-3} m³/s per persona]
fino a 7	4
da 7 a 10	5,5
da 10 a 12,5	7
oltre 12,5	8,5

Tabella 2.7 – Portata di aria esterna minima consentita per persona
[Fonte: UNI 10339:1995, punto 9.1.1.1]

Metodo B
La portata effettiva Q_{ope} è determinata con la formula seguente:

$$Q_{ope} = q_{ve,0,p} + m\left(\frac{V}{n} - 15\right)$$

con $m = \frac{Q_{opmin} - q_{ve,0,p}}{30}$, dove Q_{opmin} deve essere ricavato dalla Tabella 2.7.

2.8 Edifici nei quali si ha solo ventilazione meccanica

Negli edifici nei quali si ha solo ventilazione meccanica, la portata media giornaliera media mensile si calcola con l'equazione seguente:

$$q_{ve,k,mn} = \left(\overline{q'_{ve,x}}\right)_k \times (1 - \beta_k) + \left(q_{ve,f} \times b_{ve} \times FC_{ve} + \overline{q_{ve,x}}\right)_k \times \beta_k$$

dove:

$\overline{q'_{ve,x}}$ [m³/s] è la portata d'aria addizionale media dovuta agli effetti del vento, nel periodo di non funzionamento della ventilazione meccanica, e si calcola come segue:

$$\overline{q'_{ve,x}} = \left(V \times n_{50} \times \frac{e}{3600}\right)$$

dove:

V [m³] è il volume netto del locale o zona considerata;

n_{50} [h⁻¹] è il tasso di ricambio d'aria risultante da una differenza di pressione di 50 Pa tra interno ed esterno, inclusi gli effetti delle aperture di immissione dell'aria. Si misura secondo le prescrizioni riportate nella norma UNI EN ISO 9972:2015, ma in assenza di tali valori, si possono utilizzare quelli riportati nella Tabella 2.8, in funzione della permeabilità dell'involucro:

e è il coefficiente di esposizione al vento, che si ricava dalla Tabella 2.10.

β_k è la frazione dell'intervallo temporale di calcolo con ventilazione meccanica funzionante per il flusso d'aria k-esimo. Per valutazioni di progetto e standard è desumibile dalla Tabella 2.9 che indica il fattore medio giornaliero di presenza di persone nei locali climatizzati, corrispondente al profilo di occupazione relativo alla destinazione d'uso considerata e rapportato alle 24 ore;

$q_{ve,f}$ [m³/s] è la portata nominale della ventilazione meccanica e si calcola come il massimo tra $q_{ve,des}$ e $q_{ve,0}$, dove:

$q_{ve,des}$ [m³/s] è la portata di esercizio dell'impianto di ventilazione meccanica in condizioni di progetto che è pari a:

- $q_{ve,ext}$ nel caso di ventilazione meccanica per estrazione, in tal caso $q_{ve,sup} = 0$;
- $q_{ve,sup}$ nel caso di ventilazione meccanica per immissione. in tal caso $q_{ve,ext} = 0$;
- $max[q_{ve,sup}; q_{ve,ext}]$ nel caso di ventilazione meccanica bilanciata.

dove $q_{ve,sup}$ [m³/s] è la portata di progetto del sistema di immissione (ventilatore, eiettore, ecc.) e $q_{ve,ext}$ [m³/s] è la portata minima di progetto del sistema di estrazione (ventilatore, eiettore, ecc.);

$q_{ve,0}$ [m³/s] è la portata minima di progetto di aria esterna calcolata come al Paragrafo 2.7.

b_{ve} è il fattore di correzione della temperatura per il flusso d'aria k-esimo (l'indice k è indicato per tutti gli elementi nella stessa parentesi) e si calcola come $b_{ve,k}$ nella formula (18);

FC_{ve} è il fattore di efficienza della regolazione dell'impianto di ventilazione meccanica, che si ricava dalla Tabella 2.11;

$\overline{q_{ve,x}}$ [m³/s] è la portata d'aria media giornaliera addizionale con ventilazione meccanica funzionante dovuta a ventilazione naturale termica e trasversale, e si calcola con l'espressione seguente:

$$q_{ve,x} = \frac{\overline{q'_{ve,x}}}{1 + \frac{f}{e}\left[\frac{q_{ve,sup} - q_{ve,ext}}{V \times n_{50}/3600}\right]^2}$$

dove, oltre ai simboli già definiti:

V [m³] è il volume netto del locale o zona considerata;

n_{50} [h⁻¹] è il tasso di ricambio d'aria risultante da una differenza di pressione di 50 Pa tra interno ed esterno, inclusi gli effetti delle aperture di immissione dell'aria;

e è il coefficiente di esposizione al vento, che si ricava dalla Tabella 2.10;

f è il coefficiente di esposizione al vento, che si ricava dalla Tabella 2.10.

Permeabilità dell'involucro	Tasso di ricambio d'aria a 50 Pa n_{50} [h^{-1}]	
	Edificio residenziale multifamiliare o altra destinazione d'uso	Edificio residenziale monofamiliare
Bassa	1	2
Media	4	7
Alta	8	14
In assenza di informazioni sulla permeabilità dei serramenti in riferimento alla normativa tecnica vigente (UNI EN 12207) si assume "permeabilità media".		

Tabella 2.8 – Tasso di ricambio d'aria a 50 Pa
[Fonte: UNI/TS 11300-1:2014, punto 12.3.2, prospetto 9]

Categoria di edificio	Destinazione d'uso	β_k
E.1 (1); E.1 (2)	Abitazioni	24/24
E.1	Collegi, luoghi di ricovero, case di pena, caserme, conventi	24/24
E.1 (3)	Edifici adibiti ad albergo, pensioni ed attività similari	8/24
E.2	Edifici adibiti ad uffici ed assimilabili	8/24
E.3	Edifici adibiti ad ospedali, cliniche o case di cura ed assimilabili	24/24
E.4	Edifici adibiti ad attività ricreative, associative e di culto	8/24
E.5	Edifici adibiti ad attività commerciali ed assimilabili	8/24
E.6	Edifici adibiti ad attività sportive	8/24
E.7	Edifici adibiti ad attività scolastiche di tutti i livelli e assimilabili	8/24
E.8	Edifici adibiti ad attività industriali ed artigianali ed assimilabili	8/24

Tabella 2.9 – Fattore medio giornaliero di presenza nei locali climatizzati
[Fonte: UNI/TS 11300-1:2014, Appendice E, prospetto E.1]

Coefficiente	Schermatura		Esposizione	
	Classe	Descrizione	Più di una facciata esposta	Solo una facciata esposta
e	Nessuna schermatura	Edifici in aperta campagna, grattacieli nel centro città	0,10	0,03
	Media schermatura	Edifici in campagna con alberi o con altri edifici nelle vicinanze, periferie	0,07	0,02
	Fortemente schermato	Edifici di media altezza nei centri cittadini, edifici in mezzo a foreste	0,04	0,01
f	Tutte le classi di schermatura	Tutti gli edifici	15	20

Tabella 2.10 – Coefficienti di esposizione al vento
[Fonte: UNI/TS 11300-1:2014, punto 12.3.2, prospetto 10]

Destinazione d'uso edificio	Presenza			Tipi di sensore				Umidità relativa
	Bocchetta con rilevatore di presenza integrato	Modulo di regolazione della portata	Ventilatore a velocità variabile	Movimento		CO_2		
				Modulo di regolazione della portata	Ventilatore a velocità variabile	Modulo di regolazione della portata	Ventilatore a velocità variabile	
E.1 - Residenze	0,80	0,80	0,80	0,70	0,70	0,70	0,70	0,60
E.1 (3) - Camere d'albergo	0,80	0,80	0,80	0,70	0,70	0,70	0,70	0,60
E.2 - Uffici singoli	0,68	0,64	0,64	0,67	0,70	0,57	0,61	-
E.2 - Open space	0,80	0,80	0,80	0,53	0,59	0,45	0,50	-
E.2 - Sala riunioni	0,55	0,55	0,60	0,34	0,43	0,29	0,37	-
E.3	-	-	-	-	-	-	-	-
E.4 - Ristorazione	0,80	0,80	0,80	0,58	0,63	0,49	0,53	-
E.4 - Cinema, teatri, sale per congressi	-	-	-	-	-	0,33	0,53	-
E.5	-	-	-	-	-	0,33	0,40	-
E.6	-	-	-	-	-	-	-	-
E.7 - Edificio scolastico primario	0,64	0,64	0,68	0,67	0,70	0,57	0,61	-
E.7 - Edificio scolastico secondario	0,80	0,80	0,8	0,48	0,54	0,41	0,47	-
E.8	-	-	-	-	-	-	-	-

I tipi di sensore "Presenza" e "Movimento" corrispondono alla funzione 2 "Presence control" riportata al punto 4.1 del prospetto 2 della norma UNI EN 15232:2012.
Il tipo di sensore CO_2 corrisponde alla funzione 3 "Demand control" riportata al punto 4.1 del prospetto 2 della norma UNI EN 15232:2012.

Tabella 2.11 – Fattore di efficienza della regolazione dell'impianto di ventilazione meccanica
[Fonte: UNI/TS 11300-1:2014, punto 12.3.2, prospetto 11]

2.9 Edifici nei quali si ha ventilazione ibrida

Negli edifici nei quali si ha sia ventilazione naturale sia meccanica, la portata media giornaliera media mensile si calcola con l'espressione seguente:

$$q_{ve,k,mn} = \left(\overline{q_{ve,0}} + \overline{q'_{ve,x}}\right)_k \times (1 - \beta_k) + \left(q_{ve,f} \times b_{ve} \times FC_{ve} + \overline{q_{ve,x}}\right)_k \times \beta_k$$

Rispetto al calcolo per gli edifici nei quali si ha solo ventilazione meccanica, questa formula aggiunge il termine $\overline{q_{ve,0}}$ che è pari a $\bar{n} \times V / 3600$, dove:

V [m³] è il volume netto del locale o zona considerata;
$\bar{n}$ [h⁻¹] è il tasso di ricambio d'aria medio giornaliero per ventilazione naturale che ricava dalla seguente tabella per edifici residenziali monofamiliari:

Classe di schermatura	Ricambi d'aria $\bar{n}$[h⁻¹]		
	Permeabilità dell'edificio		
	Bassa	Media	Alta
Nessuna schermatura	0,5	0,7	1,2
Media schermatura	0,5	0,6	0,9
Fortemente schermato	0,5	0,5	0,6

Tabella 2.12 – Ricambi d'aria medi giornalieri $\bar{n}$ per ventilazione naturale in funzione della classe di schermatura e della permeabilità all'aria dell'edificio: edifici residenziali monofamilari
[Fonte: UNI/TS 11300-1:2014, punto 12.3.3, prospetto 12]

e dalla seguente in tutti gli altri casi:

Classe di schermatura	Ricambi d'aria $\bar{n}$[h⁻¹]					
	Più di una facciata esposta			Una sola facciata esposta		
	Permeabilità dell'edificio			Permeabilità dell'edificio		
	Bassa	Media	Alta	Bassa	Media	Alta
Nessuna schermatura	0,5	0,7	1,2	0,5	0,6	1,0
Media schermatura	0,5	0,6	0,9	0,5	0,5	0,7
Fortemente schermato	0,5	0,5	0,6	0,5	0,5	0,5

Tabella 2.13 – Ricambi d'aria medi giornalieri $\bar{n}$ per ventilazione naturale in funzione della classe di schermatura e della permeabilità all'aria dell'edificio: edifici residenziali multifamiliari e altre destinazioni d'uso
[Fonte: UNI/TS 11300-1:2014, punto 12.3.3, prospetto 13]

Le classi di schermatura sono definite nella Tabella 2.10. In assenza di informazioni sulla permeabilità dei serramenti in riferimento alla normativa tecnica vigente (UNI EN 12207:2000) si assume "permeabilità media".

2.10 Edifici nei quali la ventilazione meccanica è assicurata dall'impianto di climatizzazione

Gli impianti di climatizzazione canalizzati possono fornire la sola ventilazione meccanica nei periodi di non attivazione della climatizzazione. In tal caso la portata media giornaliera media mensile si calcola con l'espressione seguente:

$$q_{ve,k,mn} = \left(\overline{q_{ve,0}} + \overline{q'_{ve,x}}\right)_k \times (1 - \alpha_k - \beta'_k) + \left(q_{ve,f} \times b_{ve} \times FC_{ve} + \overline{q_{ve,x}}\right)_k \times \beta'_k$$

dove:

α_k è la frazione di ore settimanali in cui l'impianto di climatizzazione è in funzione come tale, calcolata come segue:

$$\alpha_k = \frac{n_{clim,week}}{168}$$

β'_k è la frazione di ore settimanali in cui l'impianto di climatizzazione funziona solo come sistema per la ventilazione meccanica, calcolata come segue:

$$\beta'_k = \frac{n_{ov,week}}{168}$$

$n_{clim,week}$ è il numero di ore settimanali in cui l'impianto di climatizzazione è in funzione come tale e $n_{ov,week}$ il numero di ore setimanali in cui l'impianto di climatizzazione funziona solo come sistema per la ventilazione meccanica.

Nel caso di valutazione sul progetto o standard si assume $\alpha_k = 1$ e $\beta'_k = 0$, dunque $q_{ve,k,mn}$ è pari a zero. Nelle ore di attivazione della climatizzazione, ai fini della ventilazione si considera $\theta_{sup} = \theta_{int,set}$ e di conseguenza il fattore di correzione della temperatura $b_{ve,k}$ è pari a 0. Nei periodi di assenza di climatizzazione invernale o estiva l'impianto viene equiparato in tutto e per tutto ad un impianto di ventilazione meccanica o ibrida.

2.11 Ventilazione notturna (free-cooling)

Gli impianti di ventilazione meccanica possono essere utilizzati anche per la ventilazione notturna durante il periodo estivo, in tal caso la portata media giornaliera media mensile si calcola con l'espressione seguente:

$$q_{ve,k,mn} = \overline{(q'_{ve,x})}_k \times (1 - \beta_k^{night} - \beta_k^{day}) + (q_{ve,night} \times b_{ve,night} + \overline{q_{ve,x}})_k^{night} \times \beta_k^{night}$$
$$+ (q_{ve,f} \times b_{ve} \times FC_{ve} + \overline{q_{ve,x}})_k^{day} \times \beta_k^{day}$$

dove i vari termini hanno gli stessi significati visti finora, in funzione delle esigenze di qualità dell'aria, mentre i termini *night* sono determinati in funzione del raffrescamento notturno, ad esempio $q_{ve,night}$ è la portata d'aria esterna per raffrescamento notturno, espressa in m³/s. Ai fini della valutazione di progetto o standard, la ventilazione notturna può essere considerata solo in presenza di ventilazione meccanica, assumendo un funzionamento continuo della stessa dalle 23:00 alle 7:00 per tutto il periodo di raffrescamento. In tal caso β_k^{night} è pari a 0,33, β_k^{day} si assume pari a β_k se $\beta_k \leq 0{,}67$ altrimenti si assume pari a 0,67. I valori b_{ve} e $b_{ve,night}$ tengono conto della diversa differenza di temperatura tra ambienti interno ed esterno nelle due frazioni del periodo di calcolo (dalle ore 7:00 alle ore 23:00 e dalle ore 23:00 alle ore 7:00) e in mancanza di dati precisi sui profili giornalieri della temperatura esterna, e nel caso in cui sia $\theta_{int,set,C} > \theta_e$, $b_{ve,night}$ si assume pari a 1,5 b_{ve}.

2.12 Calcolo della portata di ventilazione con scopi differenti da quelli standard o di progetto

Per eseguire un calcolo più accurato della portata di ventilazione si può far riferimento alla norma UNI EN 15242 e si può tener conto anche dei requisiti relativi alla qualità dell'aria interna in base alle norme UNI EN 13779 e UNI EN 15251. Questi calcoli possono essere notevolmente diversi da quelli indicati per la valutazione sul progetto o standard, inoltre è bene considerare che nel caso di aerazione e di ventilazione naturale non è possibile determinare con certezza le portate di rinnovo perché ciò dipende dalle condizioni climatiche al contorno (velocità e direzione del vento e differenza di temperatura tra esterno ed interno), dalla permeabilità dell'involucro e dalle abitudini degli utenti.

2.13 Calcolo degli apporti di energia termica dovuti a sorgenti interne (Q_{int})

Gli apporti di energia termica dovuti a sorgenti interne comprendono qualunque calore generato nello spazio climatizzato da sorgenti interne, ad esclusione del sistema di riscaldamento, come ad esempio:

- apporti netti provenienti dall'acqua sanitaria reflua;
- apporti dovuti al metabolismo, alla respirazione e alla traspirazione delle persone;
- calore generato da persone, apparecchiature elettriche, di cottura e dall'illuminazione.

Questi apporti si dividono in sensibili e latenti: i primi hanno come unico effetto l'aumento della temperatura, i secondi concorrono ad aumentare il contenuto di vapore presente nell'aria, quindi dell'umidità, senza per questo aumentare la temperatura. La presenza di persone contribuisce sia all'uno sia all'altro.

Gli apporti termici sensibili dovuti a sorgenti interne, che indichiamo con Q_{int} ed esprimiamo in megajoule, si calcolano per ogni mese o frazione di mese con l'equazione seguente:

$$Q_{int} = \left\{\sum_k \Phi_{int,mn,k}\right\} \times t + \left\{\sum_l (1 - b_{tr,l}) \times \Phi_{int,mn,u,l}\right\} \times t$$

dove:

$\Phi_{int,mn,k}$ [W] è il flusso termico prodotto dalla k-esima sorgente di calore interna, mediato sul tempo;

t [Ms] è la durata del mese considerato o della frazione di mese;

$b_{tr,l}$ è il fattore di riduzione per l'ambiente non climatizzato avente la sorgente di calore interna l-esima oppure il flusso termico l-esimo di origine solare e si calcola come segue:

$$b_{tr,l} = \frac{H_{iu}}{H_{iu} + H_{ue}}$$

dove H_{iu} e H_{ue} si determinano come indicato con le formule (16) e (17) nel Paragrafo 2.4. $b_{tr,l}$ è pari a 1 solo nel caso in cui la temperatura dell'ambiente non climatizzato sia uguale a quella dell'ambiente esterno. Se sono presenti più ambienti non climatizzati adiacenti si trascura lo scambio di energia termica tra loro;

$\Phi_{int,mn,u,l}$ [W] è il flusso termico prodotto dalla l-esima sorgente di calore interna nell'ambiente non climatizzato adiacente u (se presente), mediato sul tempo.

Per valutazioni sul progetto o standard, il valore globale dei flussi termici dovuti a sorgenti interne si può stimare con la formula seguente limitatamente alle abitazioni di categoria E.1 (1) e E.1 (2) con superficie utile di pavimento $A_f \leq 120$ m²:

$$\Phi_{int} = \left\{\sum_{k} \Phi_{int,mn,k}\right\} + \left\{\sum_{l}(1 - b_{tr,l}) \times \Phi_{int,mn,u,l}\right\} \approx 7{,}987\, A_f - 0{,}0353\, A_f^2$$

Se la superficie utile di pavimento è maggiore di 120 m² il valore Φ_{int} è pari a 450W. Per le altre destinazioni d'uso si fa riferimento alla Tabella 2.14. Per ottenere Q_{int} è necessario moltiplicare Φ_{int} per la durata del mese considerato o della frazione di mese.

Per quanto riguarda gli apporti latenti, nei casi di valutazione sul progetto o standard, dobbiamo calcolare la portata massica di vapore acqueo[14] per unità di superficie utile di pavimento, utilizzando i valori indicati nella Tabella 2.14. Per le abitazioni di categoria E.1 (1) e E.1 (2) questa è pari a 250 g/h, indipendentemente dalla superficie.

Categoria	Destinazione d'uso	Apporti termici sensibili Φ_{int}/A_f [W/m²]	Portata massica di vapore acqueo $(G_{wv,Oc} + G_{wv,A})/A_f$ [10^{-3}·g/(h·m²)]
E.1 (1)	Collegi, caserme, case di pena, conventi	6	6
E.1 (3)	Edifici adibiti ad albergo, pensione ed attività similari	6	5
E.2	Edifici adibiti a uffici e assimilabili	6	6
E.3	Edifici adibiti a ospedali, cliniche o case di cura e assimilabili	8	14

---

[14] La portata massica di vapore acqueo, o carico igrometrico, indica la massa di vapore acqueo che scorre attraverso la zona termica in esame.

E.4 (1)	Cinema e teatri, sale di riunione per congressi	8	27
E.4 (2)	Mostre, musei	8	16
	Biblioteche	8	12
	Luoghi di culto	8	16
E.4 (3)	Bar	10	31
	Ristoranti	10	26
	Sale da ballo	10	31
E.5	Edifici adibiti ad attività commerciali e assimilabili	8	9
E.6 (1)	Piscine, saune e assimilabili	10	*
E.6 (2)	Palestre e assimilabili	5	11
E.6 (3)	Servizi di supporto alle attività sportive	4	8
E.7	Edifici adibiti ad attività scolastiche a tutti i livelli e assimilabili	4	16
E.8	Edifici adibiti ad attività industriali ed artigianali e assimilabili	6	*

* = Attività di processo indipendente dalla presenza di persone che deve essere valutata in funzione della tipologia di processo.

La portata massica di vapore d'acqua dipende dalla presenza di persone e apparecchiature, come indicato di seguito:
$G_{wv,Oc}$ [g/h] è la portata massica di vapore d'acqua dovuta alla presenza di persone, mediata sul tempo;
$G_{wv,A}$ [g/h] è la portata massica di vapore d'acqua dovuta alla presenza di apparecchiature, mediata sul tempo;

Tabella 2.14 - Apporti medi globali per unità di superficie di pavimento
[Fonte: UNI/TS 11300-1:2014, Appendice E, prospetto E.3]

Negli ambienti non climatizzati l'effetto degli apporti termici interni può essere trascurato.

2.14 Le serre solari

Una serra solare è uno spazio soleggiato, non riscaldato, prossimo a spazi riscaldati, spesso provvisto di una parete divisoria tra il volume climatizzato retrostante e lo spazio soleggiato. È un elemento dell'architettura biocompatibile ed è costituito da ampie superfici vetrate che consentono ai raggi solari di penetrare all'interno del volume e di ottenere così un aumento del calore e dell'illuminazione. In base alla disposizione rispetto all'edificio, esistono tre tipi di serre solari:

- serra incorporata (loggia vetrata)
- serra addossata
- serra incassata

Nel caso in cui sia presente una parete divisoria tra il volume della serra e il volume climatizzato bisogna determinare tre contributi, tutti espressi in MJ:

- $Q_{sd,w}$ che rappresenta gli apporti di energia termica diretti, dovuti alla radiazione solare, che entrano nello spazio climatizzato retrostante attraverso le aree trasparenti tra la serra e quest'ultimo, come ad esempio gli infissi sulla parete divisoria, tenendo conto di coefficienti riduttivi dovuti all'ombreggiatura;
- $Q_{sd,op}$ che rappresenta gli apporti di energia termica diretti, dovuti alla radiazione solare, attraverso le partizioni opache tra la serra e gli spazi climatizzati retrostanti;
- Q_{si} che rappresenta gli apporti di energia termica indiretti, dovuti al fatto che il sole irraggia anche altre superfici, come ad esempio il pavimento della serra o altre pareti opache non facenti parte della parete divisoria, e che queste possono accumulare calore che verrà rilasciato a beneficio dei locali retrostanti.

La procedura di calcolo prevista della norma UNI/TS 11300-1:2014 stabilisce che gli apporti solari diretti di energia termica attraverso le partizioni trasparenti $Q_{sd,w}$ vengano computati nei contributi dovuti alla radiazione solare incidente sui componenti vetrati $Q_{sol,w}$, mentre quelli diretti attraverso le partizioni opache $Q_{sd,op}$ e quelli indiretti Q_{si} vengano computati nei contributi dovuti alla radiazione solare incidente sui componenti opachi $Q_{sol,op}$.

$Q_{sd,w}$ si calcola, per ogni serra solare esistente, con l'espressione seguente[15]:

$$Q_{sd,w} = F_{sh,ob}(1 - F_{F,e})g_e\left((1 - F_{F,w})g_w A_w\right)I_p t$$

dove:

$F_{sh,ob}$ è il fattore di riduzione per ombreggiatura relativo a ostruzioni esterne, aggetti verticali o orizzontali, calcolato con l'equazione (19) nel Paragrafo 2.5;

$F_{F,e}$ è il rapporto tra l'area del telaio e l'area totale della serra. In assenza di dati

---

[15] Formula E.2 punto E.2.3.3 della norma UNI EN ISO 13790:2008, dalla quale sono stati esclusi i guadagni attraverso i componenti opachi che devono essere computati a parte nei contributi dovuti alla radiazione solare incidente sui componenti opachi. La formula E.2 infatti calcola i guadagni complessivi attraverso i componenti trasparenti e opachi.

di progetto attendibili o comunque di informazioni più precise, si può assumere un valore convenzionale pari a 0,2, da cui deriva un fattore telaio $(1 - F_{F,e})$ pari a 0,8;

g_e [W/m²K] è la trasmittanza di energia solare degli elementi vetrati della serra e rappresenta la frazione di energia solare che li attraversa;

$F_{F,w}$ è il rapporto tra l'area del telaio delle finestre (tra la serra e l'ambiente interno) e l'area totale dei vani finestra. In assenza di dati di progetto attendibili o comunque di informazioni più precise, si può assumere un valore convenzionale pari a 0,2, da cui deriva un fattore telaio $(1 - F_{F,w})$ pari a 0,8;

g_w [W/m²K] è la trasmittanza di energia solare degli elementi vetrati delle eventuali finestre tra la serra e l'ambiente interno;

A_w [m²] è l'area delle eventuali finestre tra la serra e l'ambiente interno;

I_p [MJ/m²] è l'irradianza solare giornaliera media del mese considerato o della frazione di mese, sulla superficie della serra, con dato orientamento e angolo d'inclinazione sul piano orizzontale. Può essere ricavata dalla norma UNI 10349-1 sommando le componenti H_{dh} (diffusa) e H_{bh} (diretta) per la località considerata e può essere convertita in W/m² moltiplicando il risultato ottenuto per la costante[16] 11,57;

t [Ms] è la durata del mese considerato o della frazione di mese.

$Q_{sd,op}$ si calcola, per ogni serra solare esistente, con l'espressione seguente[17]:

$$Q_{sd,op} = F_{sh,ob}(1 - F_{F,e})g_e \alpha_p A_p \left(\frac{H_{p,tot}}{H_{p,e}}\right) I_p t$$

dove $F_{sh,ob}$, $F_{F,e}$ e g_e si calcolano come abbiamo visto per $Q_{sd,w}$, mentre gli altri termini come segue:

α_p è il fattore di assorbimento solare della parete divisoria tra la serra e

---

[16] L'irradianza solare giornaliera media è espressa in megajoule e indica l'energia trasmessa dal sole in 24 ore (86.400 secondi). 1 joule equivale a 1 wattsecondo, che corrisponde all'energia prodotta in 1 secondo dalla potenza di 1 watt, pertanto per ottenere 11,57 prima moltiplichiamo l'irradianza espressa in megajoule per 10^6 e otteniamo la conversione in joule, poi dividiamo per 86.400 secondi e otteniamo la potenza in watt: $10^6/86.400 \approx 11,57$ (approssimato a 2 cifre decimali).

[17] Formula E.2 punto E.2.3.3 della norma UNI EN ISO 13790:2008, dalla quale sono stati esclusi i guadagni attraverso le partizioni trasparenti, già computati nei contributi dovuti alla radiazione solare incidente sui componenti vetrati.

l'ambiente interno. In assenza di informazioni precise può essere assunto pari a 0,3 per colori chiari della superficie esterna, 0,6 per colori medi e 0,9 per colori scuri;

A_p [m²] è l'area della parete divisoria (o delle pareti divisorie) opaca tra la serra e l'ambiente interno;

$H_{p,tot}$ [W/K] è il coefficiente di scambio termico per trasmissione dall'ambiente interno a quello esterno, attraverso le pareti opache divisorie (tra la serra e l'ambiente interno) e la serra. Si calcola con l'equazione seguente:

$$H_{p,tot} = \frac{1}{\frac{1}{\sum_k A_{p,k} U_{p,k}} + \frac{1}{\sum_j A_{e,j} U_{e,j}}}$$

dove, oltre ai simboli già definiti:

$A_{p,k}$ [m²] è l'area della k-esima parete opaca divisoria tra la serra e l'ambiente interno;

$U_{p,k}$ [W/m²K] è la trasmittanza termica della k-esima parete divisoria tra la serra e l'ambiente interno;

$A_{e,j}$ [m²] è l'area del j-esimo componente vetrato della serra;

$U_{e,j}$ [W/m²K] è la trasmittanza termica del j-esimo componente vetrato della serra.

$H_{p,e}$ [W/K] è il coefficiente di scambio termico per trasmissione dalla superficie della parete di separazione (tra la serra e l'ambiente interno) che assorbe la radiazione solare, all'ambiente esterno, attraverso la serra. Si calcola con l'equazione seguente:

$$H_{p,e} = \frac{1}{\frac{R_{se}}{\sum_{p,k} A_{p,k}} + \frac{1}{\sum_{e,j} A_{e,j} U_{e,j}}}$$

dove, oltre ai simboli già definiti, R_{se} è la resistenza superficiale esterna, calcolata come indicato nel Paragrafo 1.1;

I_p [MJ/m²] è l'irradianza solare giornaliera media del mese considerato o della frazione di mese, sulla superficie della serra, con dato orientamento e angolo d'inclinazione sul piano orizzontale. Può essere ricavata dalla norma UNI 10349-1 sommando le componenti H_{dh} (diffusa) e H_{bh} (diretta) per la località considerata e può essere convertita in W/m² moltiplicando il risultato ottenuto per la costante 11,57. Il calcolo analitico della costante è presente nella nota 16;

t [Ms] è la durata del mese considerato o della frazione di mese.

Q_{si} si calcola, per ogni serra solare esistente, con l'espressione seguente[18]:

$$Q_{si} = (1 - b_{tr})F_{sh,ob}(1 - F_{F,e})g_e \sum_j (I_j a_j A_j) - Q_{sd,op}$$

dove $F_{sh,ob}$, $F_{F,e}$ e g_e si calcolano come abbiamo visto per $Q_{sd,w}$, mentre gli altri termini come segue:

$1 - b_{tr}$ rappresenta quella parte dei guadagni solari della serra che entra nello spazio climatizzato attraverso la parete divisoria. b_{tr} è un fattore di riduzione che tiene conto della perdita di calore dovuta allo spazio esistente tra l'ambiente esterno e gli spazi interni climatizzati, l'energia trasmessa è infatti una frazione di quella che sarebbe in assenza della serra. b_{tr} si calcola con l'espressione seguente:

$$b_{tr} = \frac{H_{ue}}{(H_{iu} + H_{ue})}$$

dove H_{iu} e H_{ue} si determinano come indicato con le formule (16) e (17) nel Paragrafo 2.4, che in questo caso indicano:

- H_{iu} è il coefficiente di scambio termico tra lo spazio climatizzato e lo spazio serra, espresso in W/K;
- H_{ue} è il coefficiente di scambio termico tra lo spazio serra e l'esterno, espresso in W/K.

I_j [MJ/m^2] è l'irradianza solare giornaliera media del mese considerato o della frazione di mese, sulla superficie della serra, con dato orientamento e angolo d'inclinazione sul piano orizzontale. Può essere ricavata dalla norma UNI 10349-1 sommando le componenti H_{dh} (diffusa) e H_{bh} (diretta) per la località considerata e può essere convertita in W/m^2 moltiplicando il risultato ottenuto per la costante 11,57. Il calcolo analitico della costante è presente nella nota 16;

a_j è il fattore di assorbimento solare del j-esimo componente opaco

---

[18] Formula E.3 punto E.2.3.3 della norma UNI EN ISO 13790:2008.

all'interno della serra, ad esclusione della parete divisoria. In assenza di informazioni precise può essere assunto pari a 0,3 per colori chiari della superficie esterna, 0,6 per colori medi e 0,9 per colori scuri;

A_j [m²] è l'area del j-esimo componente opaco all'interno della serra, come il pavimento e le pareti, ad esclusione della parete divisoria.

2.15 Calcolo degli apporti di energia termica dovuti alla radiazione solare incidente sui componenti vetrati ($Q_{sol,w}$)

L'energia termica dovuta alla radiazione solare incidente sulla superficie dei componenti vetrati contribuisce al riscaldamento dell'involucro. Il calcolo si effettua con l'equazione seguente:

$$Q_{sol,w} = \left\{\sum_k \Phi_{sol,w,mn,k}\right\} \times t + \boxed{\sum_j Q_{sd,w,j}}$$

dove:

$\Phi_{sol,w,mn,k}$ [W] è il flusso termico di origine solare attraverso la partizione trasparente del componente k-esimo, mediato sul tempo;

t [Ms] è la durata del mese considerato o della frazione di mese;

$Q_{sd,w,j}$ [MJ] rappresenta gli apporti solari diretti attraverso le partizioni trasparenti entranti nella zona climatizzata dalla serra j-esima, calcolati come abbiamo visto al Paragrafo 2.14. La sommatoria di questi apporti è evidenziata in un riquadro perché si calcola solo se è presente una serra solare.

Il flusso termico k-esimo di origine solare attraverso le partizioni trasparenti si calcola con l'espressione seguente:

$$\Phi_{sol,w,mn,k} = F_{sh,ob,k} \times I_{sol,k} \times A_{sol,w,k}$$

dove:

$F_{sh,ob,k}$ è il fattore di riduzione per ombreggiatura relativo a ostruzioni esterne, aggetti verticali o orizzontali, per l'area di captazione solare effettiva della superficie k–esima. Si calcola come $F_{sh,e}$ nel Paragrafo 2.14;

$I_{sol,k}$ [MJ/m²] è l'irradianza solare giornaliera media del mese considerato o della frazione di mese, sulla superficie k-esima, con dato orientamento e angolo d'inclinazione sul piano orizzontale. Può essere ricavata dalla norma UNI 10349-1 sommando le componenti H_{dh} (diffusa) e H_{bh} (diretta) per la località considerata e può essere convertita in W/m² moltiplicando il risultato ottenuto per la costante 11,57. Il calcolo analitico della costante è presente nella nota 16, Paragrafo 2.14;

$A_{sol,w,k}$ [m²] è l'area di captazione solare effettiva della superficie k-esima con dato orientamento e angolo d'inclinazione sul piano orizzontale, nella zona o ambiente considerato, determinata in questo modo:

$$A_{sol,w,k} = F_{sh,gl} \times g_{gl} \times (1 - F_F) \times A_{w,p}$$

dove:

$F_{sh,gl}$ è il fattore di riduzione relativo alle schermature mobili che si calcola in questo modo:

$$F_{sh,gl} = \frac{[(1 - f_{sh,with}) \times g_{gl} + f_{sh,with} \times g_{gl+sh}]}{g_{gl}}$$

g_{gl} è il fattore di trasmissione di energia solare totale del componente finestrato quando la schermatura solare non è utilizzata e può essere ricavato moltiplicando i valori del fattore di trasmissione di energia solare totale per incidenza normale $g_{gl,n}$ per un fattore di esposizione F_w, che considera la variazione della trasmittanza di energia solare totale in funzione dell'angolo d'incidenza della radiazione solare. I valori $g_{gl,n}$ possono essere ricavati dalla tabella seguente:

Tipo di vetro	$g_{gl,n}$
Vetro singolo	0,85
Doppio vetro normale	0,75
Doppio vetro con rivestimento basso-emissivo	0,67
Triplo vetro normale	0,70
Triplo vetro con rivestimento basso-emissivo	0,50
Doppia finestra	0,75

Tabella 2.15 – Fattore di trasmissione di energia solare totale per incidenza normale
[Fonte: UNI/TS 11300-1:2014, Appendice B, prospetto B.5]

I valori di F_w possono essere ricavati dalle tabelle seguenti:

Mese	Vetro singolo				Doppio vetro			
	S	E/O	N	Orizz.	S	E/O	N	Orizz.
Gen.	0,984	0,902	0,932	0,876	0,978	0,861	0,901	0,812
Feb.	0,967	0,923	0,932	0,902	0,950	0,890	0,901	0,851
Mar.	0,933	0,932	0,931	0,931	0,897	0,904	0,901	0,895
Apr.	0,888	0,938	0,921	0,949	0,833	0,912	0,890	0,923
Mag.	0,852	0,941	0,895	0,955	0,787	0,916	0,854	0,933
Giu.	0,838	0,941	0,877	0,955	0,770	0,915	0,831	0,934
Lug.	0,835	0,941	0,877	0,956	0,766	0,915	0,831	0,935
Ago.	0,861	0,940	0,905	0,952	0,797	0,915	0,870	0,928
Set.	0,911	0,935	0,930	0,940	0,865	0,907	0,899	0,909
Ott.	0,957	0,925	0,931	0,912	0,933	0,894	0,900	0,865
Nov.	0,981	0,912	0,931	0,880	0,971	0,876	0,901	0,818
Dic.	0,987	0,903	0,932	0,858	0,982	0,862	0,901	0,789

Tabella 2.16 – Fattori di esposizione per vetro singolo e doppio
[Fonte: UNI/TS 11300-1:2014, Appendice B, prospetto B.5]

Mese	Triplo vetro			
	S	E/O	N	Orizz.
Gen.	0,972	0,833	0,880	0,770
Feb.	0,937	0,868	0,880	0,817
Mar.	0,872	0,884	0,879	0,871
Apr.	0,796	0,894	0,868	0,906
Mag.	0,747	0,898	0,828	0,918
Giu.	0,731	0,898	0,802	0,920
Lug.	0,724	0,898	0,801	0,921
Ago.	0,756	0,898	0,846	0,912
Set.	0,833	0,888	0,877	0,887
Ott.	0,915	0,872	0,878	0,833
Nov.	0,964	0,851	0,879	0,776
Dic.	0,977	0,834	0,880	0,744

Tabella 2.17 – Fattori di esposizione per vetro triplo
[Fonte: UNI/TS 11300-1:2014, Appendice B, prospetto B.5]

g_{gl+sh} è il fattore di trasmissione di energia solare totale del componente finestrato quando la schermatura solare è utilizzata. È generalmente fornito dal produttore ma in assenza di dati attendibili o comunque di informazioni più precise, l'effetto di schermature mobili può essere valutato attraverso i metodi indicati nelle norme UNI EN 13363-1:2008 e UNI EN 13363-2:2006 o, se applicabili, attraverso i fattori di riduzione riportati nella tabella seguente, pari al rapporto tra i valori dei fattori di trasmissione di energia solare totale del componente finestrato con e senza schermatura (g_{gl+sh}/g_{gl}):

Tipo di tenda	Proprietà ottiche della tenda		Fattori di riduzione con	
	assorbimento	trasmissione	tenda interna	tenda esterna
Veneziane bianche	0,1	0,05	0,25	0,10
		0,1	0,30	0,15
		0,3	0,45	0,35
Tende bianche	0,1	0,5	0,65	0,55
		0,7	0,80	0,75
		0,9	0,95	0,95
Tessuti colorati	0,3	0,1	0,42	0,17
		0,3	0,57	0,37
		0,5	0,77	0,57
Tessuti rivestiti di alluminio	0,2	0,05	0,20	0,08

Tabella 2.18 – Proprietà ottiche e fattori di riduzione delle tende
[Fonte: UNI/TS 11300-1:2014, Appendice B, prospetto B.6]

Utilizzando i valori della Tabella 2.18 possiamo ricavare g_{gl+sh} in questo modo:

$$g_{gl+sh} = (g_{gl+sh}/g_{gl}) \times g_{gl}$$

In questo caso g_{gl} deve essere determinato considerando il soleggiamento del mese di luglio. Per valutazioni standard o sul progetto non devono essere prese in considerazione le schermature mobili liberamente montabili e smontabili dall'utente, ma solo quelle applicate in modo solidale con l'involucro edilizio;

$f_{sh,with}$ è la frazione di tempo in cui la schermatura solare è utilizzata, pesata sull'irraggiamento solare incidente. Per valutazioni standard o sul progetto, i valori sono ricavati dalla tabella seguente:

Mese	Nord	Est	Sud	Ovest
Gen.	0,00	0,52	0,81	0,39
Feb.	0,00	0,48	0,82	0,55
Mar.	0,00	0,66	0,81	0,63
Apr.	0,00	0,71	0,74	0,62
Mag.	0,00	0,71	0,62	0,64
Giu.	0,00	0,75	0,56	0,68
Lug.	0,00	0,74	0,62	0,73
Ago.	0,00	0,75	0,76	0,72
Set.	0,00	0,73	0,82	0,67
Ott.	0,00	0,73	0,86	0,60
Nov.	0,00	0,62	0,84	0,30
Dic.	0,00	0,50	0,86	0,42

Tabella 2.19 – Fattore di riduzione per le schermature mobili
[Fonte: UNI/TS 11300-1:2014, punto 14.3.4, prospetto 21]

Per orientamenti non considerati nella Tabella 2.19, si procede per interpolazione lineare. In alternativa il valore di $f_{sh,with}$ può essere ricavato, per ciascun mese e per ciascuna esposizione, come rapporto tra la somma dei valori orari di irradianza maggiori di 300 W/m² e la somma di tutti i valori orari di irradianza del mese considerato;

F_F è il rapporto tra l'area del telaio e l'area totale del vano finestra. In assenza di dati di progetto attendibili o comunque di informazioni più precise, si può assumere un valore convenzionale pari a 0,2, da cui deriva un fattore telaio $(1 - F_F)$ pari a 0,8;

$A_{w,p}$ [m²] è l'area totale del vano finestra.

2.16 Calcolo degli apporti di energia termica dovuti alla radiazione solare incidente sui componenti opachi ($Q_{sol,op}$)

L'energia termica dovuta alla radiazione solare incidente sui componenti opachi contribuisce al riscaldamento dell'involucro. Il calcolo si effettua con l'equazione seguente:

$$Q_{sol,op} = \left\{\sum_k \Phi_{sol,op,mn,k}\right\} \times t + \left\{\sum_l (1 - b_{tr,l}) \times \Phi_{sol,mn,u,l}\right\} \times t + \sum_j (Q_{sd,op} + Q_{si})_j$$

dove le prime due sommatorie si riferiscono rispettivamente ai flussi entranti/generati nella zona climatizzata e negli ambienti non climatizzati, e inoltre:

$\Phi_{sol,op,mn,k}$ [W] è il flusso termico di origine solare attraverso la partizione opaca del componente k-esimo, mediato sul tempo;

$b_{tr,l}$ è il fattore di riduzione delle dispersioni per l'ambiente non climatizzato adiacente, avente la sorgente di calore interna l-esima oppure il flusso termico l-esimo di origine solare. Si calcola in questo modo:

$$b_{tr,l} = \frac{H_{iu}}{H_{iu} + H_{ue}}$$

dove H_{iu} e H_{ue} si determinano come indicato con le formule (16) e (17) nel Paragrafo 2.4. $b_{tr,l}$ è pari a 1 solo nel caso in cui la temperatura dell'ambiente non climatizzato sia uguale a quella dell'ambiente esterno. Se sono presenti più ambienti non climatizzati adiacenti, si trascura lo scambio di energia termica tra di loro;

$\Phi_{sol,mn,u,l}$ [W] è il flusso termico l-esimo di origine solare nell'ambiente non climatizzato adiacente u, mediato sul tempo.

Il flusso termico k-esimo di origine solare attraverso la partizione opaca si calcola con l'espressione seguente:

$$\Phi_{sol,op,mn,k} = F_{sh,ob,k} \times A_{sol,op,k} \times I_{sol,k}$$

dove $F_{sh,ob,k}$ e $I_{sol,k}$ si calcolano come nel caso del flusso termico k-esimo di origine solare attraverso le partizioni trasparenti, mentre $A_{sol,op,k}$ si calcola con l'espressione seguente:

$$A_{sol,op,k} = \alpha_{sol,c} \times R_{se} \times U_{c,eq} \times A_c$$

dove:

$\alpha_{sol,c}$ è il fattore di assorbimento solare del componente opaco che in assenza di informazioni precise può essere assunto pari a 0,3 per colori chiari della superficie esterna, 0,6 per colori medi e 0,9 per colori scuri;

R_{se} [m²K/W] è la resistenza termica superficiale esterna del componente edilizio calcolata come indicato al Paragrafo 1.1;

$U_{c,eq}$ [W/m²K] è la trasmittanza termica equivalente del componente opaco, calcolata come segue:

- Per i componenti senza intercapedine d'aria o con intercapedine chiusa $U_{c,eq}$ concide con la trasmittanza termica del componente calcolata con l'intercapedine considerata chiusa;

- Per i componenti con intercapedine d'aria aperta si calcola come segue:

$$U_{c,eq} = f_v \times U_{c,0} + (1 - f_v) \times U_{c,v}$$

dove:

f_v è il coefficiente di ventilazione ricavato in funzione del rapporto tra l'area dell'intercapedine e l'area del componente A_{al}/A_c:

- se $A_{al}/A_c \leq 0{,}005$ si assume $f_v = 0{,}8$;
- se $0{,}005 < A_{al}/A_c \leq 0{,}10$ si assume $f_v = 0{,}5$;
- se $0{,}10 < A_{al}/A_c$ si assume $f_v = 0{,}2$.

$U_{c,0}$ [W/m²K] è la trasmittanza termica equivalente del componente opaco considerando l'intercapedine non ventilata;

$U_{c,v}$ [W/m²K] è la trasmittanza termica equivalente del componente opaco considerando l'intercapedine fortemente ventilata. Si ricava come segue:

$$U_{c,v} = \frac{(U_{c,e} \times U_{c,i})}{(U_{c,e} \times U_{c,i} + h')}$$

dove:

$U_{c,e}$ [W/m²K] è la trasmittanza termica tra l'ambiente esterno e l'intercapedine d'aria;

$U_{c,i}$ [W/m²K] è la trasmittanza termica tra l'ambiente interno e l'intercapedine d'aria;

h' è assunto pari a 15 W/m²K.

$A_{sol,op}$ si calcola in modo differente per gli elementi opachi speciali, come vedremo nei paragrafi 2.17, 2.18 e 2.19.

2.17 Elementi opachi dell'involucro con isolamento esterno trasparente

E' un sistema a doppio strato, chiamato anche muro solare, nel quale la superficie esterna vetrata di captazione è anteposta a una parete in muratura accumulatrice. Questo permette un innalzamento della temperatura della parete in muratura e una distribuzione del calore per irraggiamento termico nello spazio interno abitato. Generalmente tra i due strati si lascia un'intercapedine d'aria che favorisce l'innalzamento della temperatura nella parete in muratura grazie all'effetto serra. L'area di captazione solare effettiva $A_{sol,op}$ si calcola, per l'orientamento j e il mese m, con l'espressione seguente[19]:

---

[19] Formula E.8 norma UNI EN ISO 13790:2008.

$$A_{sol,op,j,m} = A\,F_{sh}(1 - F_F)\frac{U}{U_{te}}g_{t,j,m}$$

dove:
A   [m²] è l'area totale dell'elemento;
F_{sh} si calcola come $F_{sh,e}$ nel Paragrafo 2.14;
F_F si calcola come F_F nel Paragrafo 2.15;
U   [W/m²K] è la trasmittanza termica complessiva dell'elemento opaco con isolante trasparente, calcolata con l'espressione seguente:

$$U = \frac{1}{(R_{se} + R_t + R_{al} + R_i + R_{si})}$$

dove:
R_{se} [m²K/W] è la resistenza termica superficiale esterna dell'isolante trasparente, calcolata come indicato al Paragrafo 1.1;
R_t [m²K/W] è la resistenza termica dell'isolante trasparente, calcolata come indicato al Paragrafo 1.1;
R_{al} [m²K/W] è la resistenza termica dell'eventuale intercapedine d'aria tra l'isolante trasparente e l'elemento opaco;
R_i [m²K/W] è la resistenza termica dell'elemento opaco, calcolata come indicato al Paragrafo 1.1;
R_{si} [m²K/W] è la resistenza termica superficiale interna dell'elemento opaco, calcolata come indicato al Paragrafo 1.1.

U_{te} [W/m²K] è la trasmittanza termica dell'isolante trasparente presente all'esterno, calcolata con l'espressione seguente:

$$U_{te} = \frac{1}{(R_{se} + R_t + R_{al})}$$

$g_{t,j,m}$ è la trasmittanza di energia solare totale effettiva del componente isolante trasparente per l'orientamento j e il mese m. È adimensionale e si calcola con l'espressione seguente per prodotti con trasmittanza di energia solare non trascurabile:

$$g_{t,j,m} = \alpha\bigl(g_{t,hem} - c_{j,m}\,g_{t,\perp}\bigr)$$

Invece per prodotti con trasmittanza di energia solare trascurabile, ad esempio quelli con assorbitore solare incorporato, si calcola con l'espressione seguente:

$$g_{TI,j,m} = (R_{se} + R_t) \times U_{te} \times (g_{t,hem} - c_{j,m}\, g_{t,\perp})$$

dove:

α è il fattore di assorbimento solare del componente opaco dietro quello trasparente. In assenza di informazioni precise può essere assunto pari a 0,3 per colori chiari della superficie esterna, 0,6 per colori medi e 0,9 per colori scuri;

$g_{t,hem}$ è la trasmittanza di energia solare totale (incidenza diffusa-emisferica) dell'isolamento trasparente, fornita dal produttore;

$g_{t,\perp}$ è la trasmittanza di energia solare totale (incidenza normale) dell'isolamento trasparente, fornita dal produttore;

$c_{j,m}$ è un coefficiente per il calcolo della trasmittanza efficace di energia solare totale dell'isolamento trasparente, per muri verticali, e si ricava dalle tabelle Tabella 2.20 e Tabella 2.21.

	Gen.	Feb.	Mar.	Apr.	Mag.	Giu.
Sud	-0,105	-0,067	-0,023	0,042	0,073	0,089
Sud Ovest/Sud Est	-0,034	-0,027	-0,010	0,002	0,022	0,037
Ovest/Est	0,054	0,033	0,016	-0,012	-0,005	-0,002
Nord Est/Nord Ovest	0,002	0,008	0,016	0,030	0,018	0,013
Nord	0,000	0,000	0,000	0,011	0,021	0,031

Tabella 2.20 – Coefficiente $c_{j,m}$ mesi Gennaio – Giugno
[Fonte: UNI EN ISO 13790:2008, Appendice E, tabella E.1]

	Lug.	Ago.	Set.	Ott.	Nov.	Dic.
Sud	0,094	0,062	0,005	-0,054	-0,093	-0,105
Sud Ovest/Sud Est	0,036	0,013	-0,015	-0,025	-0,034	-0,026
Ovest/Est	-0,012	-0,007	-0,001	0,024	0,049	0,052
Nord Est/Nord Ovest	0,013	0,024	0,033	0,014	0,004	0,000
Nord	0,042	0,012	0,000	0,000	0,000	0,000

Tabella 2.21 – Coefficiente $c_{j,m}$ mesi Luglio – Dicembre
[Fonte: UNI EN ISO 13790:2008, Appendice E, tabella E.1]

Un esempio di assorbitore solare è quello che si trova nei pannelli solari termici, cui è affidato il compito insostituibile di raccogliere l'energia sotto forma di radiazione solare e di convertirla in calore. Di solito è formato da una lastra in rame, in acciaio inossidabile o in alluminio, all'interno della quale sono inseriti i tubi del circuito primario, che contengono il liquido destinato ad essere riscaldato dal sole. Un assorbitore trattiene la maggior parte dell'energia solare, proprio per questo motivo la frazione di energia solare che lo attraversa è trascurabile.

2.18 Muro di Trombe-Michel

Il muro di Trombe-Michel è un particolare tipo di muro solare inventato e brevettato nel 1881 da Edward Morse e reso famoso nel 1964 dall'ingegnere francese Félix Trombe e dall'architetto Jacques Michel che furono i primi a realizzare applicazioni sperimentali.

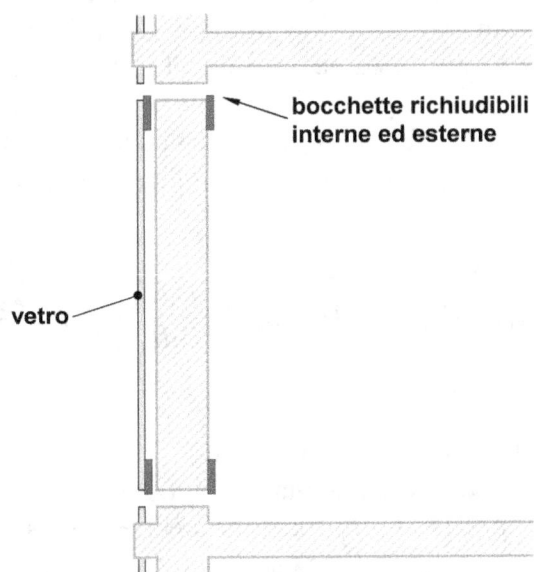

Figura 2.5 – Sezione di un muro di Trombe-Michel

Il muro deve essere posizionato sul lato sud dell'edificio e la superficie esterna della parete in muratura deve essere dipinta di nero o di blu scuro in modo da captare dall'80% al 95% della radiazione solare. Inoltre devono essere previste bocchette d'aria in alto e in basso sia tra l'intercapedine del muro e lo spazio interno abitato sia tra l'intercapedine del muro e lo spazio esterno, le quali grazie a controlli manuali o automatici che ne comandano l'apertura permettono l'innesco di moti convettivi in base alle seguenti configurazioni:

- Inverno-giorno: le bocchette esterne devono essere chiuse e quelle interne aperte, in tal modo l'aria fredda dell'ambiente interno entra nelle bocchette

dal basso, viene riscaldata nell'intercapedine e rientra nell'ambiente dalle bocchette in alto;
- Inverno-notte: tutte le bocchette devono essere chiuse per impedire dispersioni termiche;
- Estate-giorno: le bocchette interne devono essere chiuse e quelle esterne aperte, questo favorisce l'espulsione dell'aria calda dall'intercapedine e mantiene fresca la superficie di captazione. Devono essere previste anche schermature esterne per ombreggiare la superficie vetrata;
- Estate-notte: le bocchette esterne devono essere chiuse e quelle interne aperte. L'aria nell'intercapedine si raffredda ed essendo più pesante tende a scendere innescando una termocircolazione inversa. L'aria nello spazio interno entra nell'intercapedine dalle bocchette in alto.

L'area di captazione solare effettiva $A_{sol,op}$ si calcola con l'espressione seguente[20] che tiene conto della trasmittanza termica aggiuntiva della parete dovuta alla ventilazione dell'intercapedine:

$$A_{sol,op} = A_{sw}\, \alpha\, F_{sh} F_F g_w \left[U_o R_{se} + \frac{U_o^2 R_{si}}{U_i U_e} \rho_a c_a \frac{q_{ve,sw}}{A} k_{sw} \omega \right]$$

dove:
A_{sw} [m²] è l'area della parete solare ventilata;
α è il fattore di assorbimento solare del componente opaco dietro quello trasparente. In assenza di informazioni precise può essere assunto pari a 0,3 per colori chiari della superficie esterna, 0,6 per colori medi e 0,9 per colori scuri;
F_{sh} si calcola come $F_{sh,e}$ nel Paragrafo 2.14;
F_F si calcola come F_F nel Paragrafo 2.15;
g_w [W/m²K] è la trasmittanza di energia solare dell'elemento vetrato, fornita dal produttore;
U_o [W/m²K] è la trasmittanza termica della parete nell'ipotesi che il canale sia una intercapedine chiusa, calcolata come indicato al Paragrafo 1.1;
R_{se} [m²K/W] è la resistenza termica superficiale esterna del componente vetrato tra l'intercapedine d'aria e l'ambiente esterno, calcolata come indicato al Paragrafo 1.1;

---

[20] Punto E.4.2 norma UNI EN ISO 13790:2008.

R_{si} [m²K/W] è la resistenza termica superficiale interna del componente opaco tra l'intercapedine d'aria e l'ambiente interno, calcolata come indicato al Paragrafo 1.1;

U_i [m²K/W] è la trasmittanza termica del componente opaco, calcolata come indicato al Paragrafo 1.1;

U_e [m²K/W] è la trasmittanza termica del componente vetrato, dichiarata dal produttore;

$\rho_a c_a$ [Wh/m³K] è la capacità termica volumica dell'aria pari a 0,34 Wh/m³K a 20° C, equivalente a 1200 J/(m³K);

$q_{ve,sw}$ [m³/s] è la portata volumica d'aria circolante nell'intercapedine;

A [m²] è l'area interna dell'intercapedine;

k_{sw} è un fattore adimensionale definito con l'espressione seguente:

$$k_{sw} = 1 - exp\left(\frac{-A_{sw}Z}{\rho_a c_a q_{ve,sw}}\right)$$

dove:

A_{sw} [m²] è l'area della parete solare ventilata;

Z [W/m²K] è un parametro definito dall'equazione seguente:

$$\frac{1}{Z} = \frac{h_r}{h_c(h_c + 2h_r)} + \frac{1}{U_i + U_e}$$

dove, oltre ai simboli già definiti, h_r e h_c sono rispettivamente il coefficiente di scambio termico radiativo e convettivo nell'intercapedine d'aria, che possono essere ricavati dalla Tabella 2.22:

Spessore intercapedine d'aria [mm]	Coefficiente convettivo h_c [W/m²K]	Coefficiente radiativo h_r – Una sola superficie vetrata con trattamento basso emissivo e l'altra superficie non trattata con emissività normale di				h_r - Entrambe le superfici non trattate
		0,1	0,2	0,4	0,8	
6	4,14	0,505	0,990	1,909	3,561	3,702
9	2,77	0,505	0,990	1,909	3,561	3,702
12	2,11	0,505	0,990	1,909	3,561	3,702
15	1,80	0,505	0,990	1,909	3,561	3,702
50	2,07	0,505	0,990	1,909	3,561	3,702
60	2,06	0,505	0,990	1,909	3,561	3,702
70	2,05	0,505	0,990	1,909	3,561	3,702

80	2,05	0,505	0,990	1,909	3,561	3,702
90	2,04	0,505	0,990	1,909	3,561	3,702
100	2,04	0,505	0,990	1,909	3,561	3,702
120	2,04	0,505	0,990	1,909	3,561	3,702
140	2,04	0,505	0,990	1,909	3,561	3,702
160	2,03	0,505	0,990	1,909	3,561	3,702
180	2,03	0,505	0,990	1,909	3,561	3,702
200	2,03	0,505	0,990	1,909	3,561	3,702
220	2,03	0,505	0,990	1,909	3,561	3,702
240	2,03	0,505	0,990	1,909	3,561	3,702
260	2,03	0,505	0,990	1,909	3,561	3,702
280	2,03	0,505	0,990	1,909	3,561	3,702
300	2,03	0,505	0,990	1,909	3,561	3,702

Tabella 2.22 – Coefficienti h_r e h_c precalcolati
[Fonte: Bollettino Ufficiale Regione Lombardia Serie Ordinaria n. 34 - 19 agosto 2015]

ω è il rapporto tra la radiazione solare totale incidente sull'elemento vetrato quando l'intercapedine d'aria è aperta e la radiazione solare totale durante il periodo considerato. Si calcola con l'espressione seguente:

$$\omega = 1 - \exp(-2{,}2\,\gamma_{al})$$

dove γ_{al} è il rapporto tra gli apporti termici solari $Q_{gn,sw}$ e la dispersione termica dell'intercapedine d'aria $Q_{ht,al}$, durante il periodo considerato, definiti dalle equazioni seguenti:

$$Q_{gn,sw} = I_w A_{sw}$$

$$Q_{ht,al} = \Delta_t U_e A_{sw}(\theta_i - \theta_e)$$

dove U_e e A_{sw} sono gli stessi visti poco sopra mentre:

I_w [MJ/m²] è l'irradianza solare giornaliera media del mese considerato o della frazione di mese, sulla superficie vetrata del muro, con dato orientamento e angolo d'inclinazione sul piano orizzontale. Può essere ricavata dalla norma UNI 10349-1 sommando le componenti H_{dh} (diffusa) e H_{bh} (diretta) per la località considerata e può essere convertita in W/m² moltiplicando il risultato ottenuto per la costante 11,57. Il calcolo analitico della costante è presente nella nota 16, Paragrafo 2.14;

Δ_t [kh] è la durata del mese considerato, in kilo-ore, pari a 24 N_k/1000 con N_k il numero dei giorni del mese k-esimo considerato;

θ_i [°C] è la temperatura interna prefissata della zona termica considerata;

θ_e [°C] è il valore medio mensile della temperatura media giornaliera dell'aria esterna definito nella norma UNI 10349-1.

La norma UNI EN ISO 13790:2008 specifica che i calcoli appena visti si applicano con le seguenti assunzioni:

- durante l'inverno il flusso d'aria tra le bocchette interne deve bloccarsi automaticamente quando l'intercapedine d'aria è più fredda dello spazio interno;
- durante l'estate il flusso d'aria tra le bocchette interne deve essere impostato meccanicamente a un valore costante $q_{ve,sw}$ quando l'intercapedine d'aria è più calda dello spazio interno.

2.19 Elementi di involucro ventilati

La norma UNI 11018 definisce ventilata *"un tipo di facciata a schermo avanzato in cui l'intercapedine tra il rivestimento e la parete è progettata in modo tale che l'aria in essa presente possa fluire per effetto camino in modo naturale e/o in modo artificialmente controllato, a seconda delle necessità stagionali e/o giornaliere, al fine di migliorarne le prestazioni termoenergetiche complessive"*. Lo strato di rivestimento esterno non aderisce alla parete di tamponamento ma ne risulta distanziato per formare un'intercapedine. Grazie ad aperture disposte alla base e alla sommità della facciata, sul lato esterno, si ottiene la circolazione naturale dell'aria nell'intercapedine per effetto del moto convettivo. Inoltre la parete interna è protetta dall'umidità proveniente dall'esterno e il movimento dell'aria nell'intercapedine contribuisce ad asciugare eventuali infiltrazioni d'acqua e ad allontanare il calore accumulato per irraggiamento solare nello strato di rivestimento, migliorando anche la termocoibenza della parete durante il periodo invernale. Il progettista ha a disposizione molti materiali per realizzare facciate ventilate, come alluminio, laminati plastici, pannellature ceramiche o laterizie, vetro e pannelli metallici. L'area di captazione solare effettiva $A_{sol,op}$ si calcola in modo differente proprio in base al materiale utilizzato. Utilizziamo l'espressione seguente nel caso di pannelli di vetro:

$$A_{sol,op} = A\, \alpha\, F_{sh}(1 - F_F)g_w \left[U_o R_{se} + \frac{U_o^2 R_{si}}{U_i U_e}\rho_a c_a \frac{q_{ve,sw}}{A}k_{sw}\right]$$

e la seguente nel caso degli altri materiali opachi:

$$A_{sol,op} = A\, \alpha\, F_{sh}(1 - F_F)U_o R_{se}\left[1 + \frac{U_o}{U_i^2}\rho_a c_a \frac{q_{ve,sw}}{A} k_{sw}\right]$$

dove, oltre ai simboli già definiti, R_{se} è la resistenza superficiale esterna, calcolata come indicato nel Paragrafo 1.1.

2.20 Extra flusso termico per radiazione infrarossa verso la volta celeste

Ad un osservatore sulla superficie terrestre i corpi celesti appaiono proiettati su una sfera immaginaria, detta sfera o volta celeste. La volta celeste non esiste veramente, ma è un modo che l'uomo ha trovato per rappresentare la posizione degli oggetti nel cielo. Non è una sfera comune perché non ha un raggio vero e proprio né una superficie, la sua "superficie" è posta ad una distanza infinita da noi e su questa è registrata solo la direzione di un corpo celeste, ma non la distanza e la posizione reale. L'extra flusso termico dovuto alla radiazione infrarossa verso la volta celeste viene considerato come un incremento dello scambio termico per trasmissione e riguarda tutti i componenti opachi e trasparenti, esposti direttamente verso l'ambiente esterno. Per ogni elemento d'involucro il calcolo è effettuato con l'equazione seguente, che ci restituisce un risultato in watt:

$$\Phi_{r,mn,k} = R_{se} \times U_c \times A_c \times h_r \times \Delta\theta_{er}$$

dove:
R_{se} [m²K/W] è la resistenza termica superficiale esterna dell'elemento;
U_c [W/m²K] è la trasmittanza termica dell'elemento;
A_c [m²] è l'area dell'elemento, proiettata su un piano se l'elemento non è piano;
h_r [W/m²K] è il coefficiente di scambio termico esterno per irraggiamento ed è determinato con l'equazione seguente:

$$h_r = \varepsilon\sigma \frac{(\theta_e + 273)^4 - (\theta_{sky} + 273)^4}{(\theta_e - \theta_{sky})}$$

dove:

ε è l'emissività emisferica della superficie esterna, che abbiamo già visto nel Paragrafo 1.1;

σ è la costante di Stefan-Boltzmann pari a $5{,}67 \times 10^{-8}\ W/m^2 K^4$.

$\Delta\theta_{er}$ [K] è la differenza media tra la temperatura dell'aria esterna (θ_e) e la temperatura apparente del cielo[21] $\left(\theta_{sky} = 18 - 51{,}6 \times e^{\frac{-pv,e}{1000}}\right)$, dove pv,e è pari alla pressione parziale del vapore d'acqua media del mese considerato, espressa in pascal. Quando la temperatura del cielo non è disponibile da dati climatici, dovrebbe essere presa come 9 K nelle zone sub-polari, 13 K nei tropici e 11 K nelle zone intermedie come l'Italia.

2.21 Il fattore di utilizzazione degli apporti di energia termica ($\eta_{H,gn}$)

Il fattore di utilizzazione degli apporti di energia termica caratterizza l'abilità di un edificio di sfruttare gli apporti gratuiti (solari e interni) per ridurre il fabbisogno di riscaldamento. Può variare tra 0 e 1 ed è funzione sia del rapporto fra energia guadagnata (apporti) e dispersa (perdite), che indichiamo con γ_H, sia della capacità termica interna dell'edificio, che indichiamo con C_m. Se si avvicina al suo valore massimo indica che l'edificio riesce ad accumulare e sfruttare la maggior parte degli apporti interni e solari.

Vediamo il calcolo di γ_H:

$$\gamma_H = \frac{Q_{gn}}{Q_{H,ht}} = \frac{Q_{int} + Q_{sol,w}}{Q_{H,tr} + Q_{H,ve}}$$

se $\gamma_H > 0$ e $\gamma_H \neq 1$ allora $\eta_{H,gn} = \frac{1-\gamma_H^{a_H}}{1-\gamma_H^{a_H+1}}$

se $\gamma_H = 1$ allora $\eta_{H,gn} = \frac{a_H}{a_H+1}$

dove $a_H = a_{H,0} + \frac{\tau}{\tau_{H,0}}$

Con riferimento al periodo di calcolo mensile si può assumere $a_{H,0} = 1$ e $\tau_{H,0} = 15$ ore. La costante di tempo (τ) caratterizza l'inerzia termica interna e

---

[21] La temperatura apparente del cielo è definita come la temperatura che avrebbe il cielo se fosse un corpo nero e scambiasse con la terra una quantità di energia uguale a quella effettivamente scambiata.

rappresenta un periodo di tempo (espresso in ore) entro il quale, ipotizzando l'assenza di un impianto di climatizzazione, si conclude il 67% del transitorio[22] di raffreddamento (durante la stagione fredda) o di riscaldamento (durante la stagione calda). La costante di tempo si calcola con la formula seguente[23]:

$$\tau = \frac{C_m}{3600(H_{tr,adj} + H_{ve,adj})} \qquad (20)$$

dove:
C_m [J/K] è la capacità termica interna dell'edificio o della zona, che indica l'attitudine di immagazzinare energia termica e di ritardarne la riemissione.
3600   viene utilizzato per convertire la capacità termica da J a Wh. Se la capacità termica è espressa in kJ bisogna sostituire 3600 con 3,6;
$H_{tr,adj}$ e $H_{ve,adj}$ rappresentano i coefficienti di perdita per trasmissione e ventilazione che abbiamo già visto nel Paragrafo 2.4, e sono espressi in W/K.

Se la costante di tempo è bassa le variazioni di temperatura esterna si ripercuotono rapidamente su quella interna, se è alta ciò avviene più lentamente. La capacità termica interna di un edificio o di una zona termica si calcola sommando le capacità termiche areiche di tutti i componenti a contatto diretto con l'aria interna, moltiplicate per l'area degli stessi:

$$C_m = \sum_j k_j A_j \qquad (21)$$

dove:
k_j [J/m²K] è la capacità termica areica del componente edilizio j-esimo;
A_j [m²] è l'area del componente edilizio j-esimo, misurata sulla faccia interna.

Il calcolo analitico della capacità termica areica di un componente formato da più strati è piuttosto complesso ed è descritto nella norma UNI EN ISO 13786:2008, tuttavia l'Appendice A della norma stessa indica un metodo semplificato per componenti piani, secondo il quale possiamo utilizzare la formula seguente:

---

[22] Il transitorio si conclude dopo 5τ ore, pertanto trascorso questo tempo possiamo considerare l'ambiente interno completamente raffreddato (durante la stagione fredda) o riscaldato (durante la stagione calda).
[23] Punto 12.2.1.3 della norma UNI EN ISO 13790:2008.

$$k_j = \sum_i \rho_i d_i c_i$$

dove:
ρ_i [kg/m³] è la densità del materiale. In assenza di dati riportati nella documentazione di accompagnamento della marcatura CE o di altri dati attendibili, la densità di un materiale può essere ricavata dalle tabelle 3 e 4 della norma UNI EN ISO 10456:2008;

d_i [m] è lo spessore del materiale;

c_i [J/(kg K)] è il calore specifico (o capacità termica specifica) del materiale. Per materiali da costruzione generici di nuova installazione, in assenza di dati riportati nella documentazione di accompagnamento della marcatura CE, può essere ricavato dal prospetto 3 della norma UNI EN ISO 10456:2008. Per materiali generici già in opera si possono utilizzare i valori presenti nel prospetto 3 della norma UNI EN ISO 10456:2008, oppure si può fare riferimento a valori di letteratura.
Per materiali isolanti di nuova installazione si possono utilizzare i valori riportati nel prospetto 4 della norma UNI EN ISO 10456:2008 oppure valori forniti dal produttore solo se supportati da prove di laboratorio. Per materiali isolanti già in opera, in assenza di dati attendibili si utilizzano i valori riportati nel prospetto 4 della norma UNI EN ISO 10456:2008.

La sommatoria viene eseguita per tutti gli strati della parete, partendo dall'interno, fino a quando si raggiunge il valore minimo fra i seguenti:

a) metà dello spessore totale della struttura;
b) lo spessore di materiali fino al raggiungimento del primo strato di isolante, senza considerare l'intonaco;
c) lo spessore massimo di 10 cm.

Limitatamente agli edifici esistenti, in assenza di dati di progetto attendibili o comunque di informazioni più precise sulla reale costituzione delle strutture edilizie, ove non si possa di conseguenza determinare con sufficiente approssimazione la capacità termica areica dei componenti della struttura, la capacità termica interna dell'edificio o della zona termica può essere stimata in modo semplificato sulla base della Tabella 2.23, dove i valori sono espressi in kJ/m²K: una volta scelta la riga corrispondente alla caratteristica costruttiva dei componenti edilizi, per ottenere C_m è necessario moltiplicare il corrispondente valore di capacità termica areica per la superficie interna totale di involucro, nella quale si devono includere entrambe le facce dei divisori interni orizzontali.

Caratteristiche costruttive dei componenti edilizi				Numero di piani		
Intonaci	Isolamento	Pareti esterne	Pavimenti	1	2	≥ 3
				Capacità termica areica		
Gesso	interno*	qualsiasi	tessile	75	75	85
	interno*	qualsiasi	legno	85	95	105
	interno*	qualsiasi	piastrelle	95	105	115
	assente/esterno	leggere/blocchi	tessile	95	95	95
	assente/esterno	medie/pesanti	tessile	105	95	95
	assente/esterno	leggere/blocchi	legno	115	115	115
	assente/esterno	medie/pesanti	legno	115	125	125
	assente/esterno	leggere/blocchi	piastrelle	115	125	135
	assente/esterno	medie/pesanti	piastrelle	125	135	135
Malta	interno*	qualsiasi	tessile	105	105	105
	interno*	qualsiasi	legno	115	125	135
	interno*	qualsiasi	piastrelle	125	135	135
	assente/esterno	leggere/blocchi	tessile	125	125	115
	assente/esterno	medie	tessile	135	135	125
	assente/esterno	pesanti	tessile	145	135	125
	assente/esterno	leggere/blocchi	legno	145	145	145
	assente/esterno	medie	legno	155	155	155
	assente/esterno	pesanti	legno	165	165	165
	assente/esterno	leggere/blocchi	piastrelle	145	155	155
	assente/esterno	medie	piastrelle	155	165	165
	assente/esterno	pesanti	piastrelle	165	165	165
* Isolamento interno = posto sul lato interno del componente.						

Tabella 2.23 – **Capacità termica interna per unità di superficie dell'involucro di tutti gli ambienti climatizzati (inclusi i divisori interni orizzontali)**
[Fonte: UNI/TS 11300-1:2014, punto 15.2, prospetto 22]

2.22 Il fattore di utilizzazione delle dispersioni di energia termica ($\eta_{C,ls}$)

Il fattore di utilizzazione delle dispersioni di energia termica caratterizza l'abilità di un edificio di sfruttare gli scambi termici per trasmissione e ventilazione per ridurre il fabbisogno di raffrescamento. Può variare tra 0 e 1 ed è funzione sia del rapporto fra energia guadagnata (apporti) e dispersa (perdite), che indichiamo con γ_C, sia della capacità termica interna dell'edificio. Inoltre tiene conto del fatto che ci sono scambi termici non utilizzati perché si manifestano durante periodi o intervalli (per esempio durante la notte) quando essi non hanno alcun effetto sul fabbisogno di raffrescamento durante altri (per esempio durante il giorno). Se si avvicina al suo valore massimo indica che l'edificio riesce a sfruttare bene gli scambi termici per trasmissione e ventilazione, altrimenti che riesce a sfruttare solo una parte di essi.

Vediamo il calcolo di γ_C:

$$\gamma_C = \frac{Q_{gn}}{Q_{C,ht}} = \frac{Q_{int} + Q_{sol,w}}{Q_{C,tr} + Q_{C,ve}}$$

se $\gamma_C > 0$ e $\gamma_C \neq 1$ allora $\eta_{C,ls} = \frac{1-\gamma_C^{-a_C}}{1-\gamma_C^{-(a_C+1)}}$

se $\gamma_C = 1$ allora $\eta_{C,ls} = \frac{a_C}{a_C+1}$

se $\gamma_C = 0$ allora $\eta_{C,ls} = 1$

dove $a_C = a_{C,0} + \frac{\tau}{\tau_{C,0}} - k\frac{A_w}{A_f}$

con A_w l'area finestrata e A_f l'area climatizzata, entrambe espresse in m². Con riferimento al periodo di calcolo mensile si può assumere $a_{C,0} = 8,1$, $\tau_{C,0} = 17$ ore e $k = 13$. Nel caso in cui il calcolo di a_C dia un risultato negativo, si assume $a_{C,0} = 0$.

La costante di tempo τ si calcola come indicato nella formula (20), Paragrafo 2.21.

2.23 Superfici da considerare nel calcolo della capacità termica interna

Qualunque sia il metodo utilizzato per determinare la capacità termica areica dei componenti, il primo compito è quello di quantificare quali sono quelli da considerare nel calcolo, che elenchiamo di seguito:

- per la zona priva di elementi interni di separazione: gli elementi di involucro che delimitano la zona da quelle adiacenti o dall'esterno;

- per la zona costituita da più ambienti mantenuti alla stessa temperatura ma separati tra loro da partizioni verticali interne (tramezzi) o solai: gli elementi di involucro interni orizzontali e verticali e gli elementi che delimitano la zona da quelle adiacenti o dall'esterno. In questo caso, data la loro scarsa incidenza, le pareti verticali interne di separazione possono non essere considerate nel calcolo ma qualora si intenda farlo è necessario tener conto della superficie di entrambe le facce, in quanto ambedue sono a contatto con l'aria interna.

Per gli elementi di involucro che delimitano la zona si tiene conto solo della superficie della faccia a contatto con l'aria interna. I serramenti (opachi e trasparenti) e i cassonetti non devono essere considerati nel calcolo. I solai devono essere considerati sia come elementi di soffitto per il piano inferiore sia come elementi di pavimento per il piano superiore.

2.24 Determinazione del fabbisogno di energia termica per la produzione di acqua calda sanitaria

Il consumo di acqua calda sanitaria (ACS) non è ripartito uniformemente nel corso di una giornata, inoltre dipende dalle abitudini dell'utenza e dalla destinazione d'uso dell'edificio. Il volume richiesto V_w, espresso in m³/giorno, è calcolato come segue:

- Per gli edifici residenziali:

$$V_w = \frac{(S_u \times a) + b}{1000}$$

dove:
S_u [m²] è la superficie utile;
a [litri/m² giorno] è un parametro ricavabile dalla Tabella 2.24;
b [litri/giorno] è un parametro ricavabile dalla Tabella 2.24.

	$S_u \leq 35$	$35 < S_u \leq 50$	$50 < S_u \leq 200$	$S_u > 200$
Parametro a	0	2,667	1,067	0
Parametro b	50	-43,33	36,67	250

Tabella 2.24 – Parametri a e b
[Fonte: UNI/TS 11300-2:2014, punto 7.1.2, prospetto 30]

- Per le altre tipologie di edifici:

$$V_w = \frac{N_u \times a}{1000}$$

dove:

N_u è un parametro variabile in funzione del tipo di edificio, ricavabile dalla Tabella 2.25;

a è il fabbisogno specifico giornaliero in litri/(giorno x N_u), ricavabile dalla Tabella 2.25.

Tipo di attività	a	N_u	Categoria
Dormitori, Residence e B&B	40	Numero di letti	E.1 (3)
Hotel fino a tre stelle	60	Numero di letti	E.1 (3)
Hotel quattro stelle e oltre	80	Numero di letti	E.1 (3)
Attività ospedaliera con pernotto	80	Numero di letti	E.3
Attività ospedaliera day hospital (senza pernotto)	15	Numero di letti	E.3
Scuole e istruzione	0,2	Numero di allievi	E.7
Scuole materne e asili nido	8	Numero di bambini	E.7
Attività sportive/palestre	50	Per doccia installata	E.6 (2)
Spogliatoi di stabilimenti	10	Per doccia installata	E.6 (3)
Uffici	0,2	Sup.netta climatizzata	E.2
Esercizio Commerciale senza obbligo di servizi igienici per il pubblico	0	-	E.5
Esercizio Commerciale con obbligo di servizi igienici per il pubblico	0,2	Sup.netta climatizzata	E.5
Ristoranti – Caffetterie	65	Numero di coperti	E.4 (3)
Catering, self service, Bar	25	Numero di coperti	E.4 (3)
Servizio lavanderia	50	Numero di letti	n.d.
Centri benessere	200	Numero di ospiti	n.d.
Altro	0	-	n.d.

Tabella 2.25 – Parametri N_u e a
[Fonte: UNI/TS 11300-2:2014, punto 7.1.3, prospetto 31]

Per le valutazioni sul progetto o standard il numero di coperti viene determinato come 1,5 volte l'occupazione convenzionale. Nel caso di edifici non residenziali, il fabbisogno di acqua calda e le relative temperature di utilizzo possono riguardare più attività, come ad esempio la lavanderia, il centro benessere o i bagni, in tal caso il fabbisogno di energia per uso sanitario deve essere indicato separatamente dai singoli fabbisogni per altre attività.

L'energia termica richiesta per soddisfare il bisogno di ACS, che indichiamo con

Q_w ed esprimiamo in kWh, si calcola con l'espressione seguente:

$$Q_w = \rho_w c_w \times \sum_i [V_{w,i} \times (\theta_{er,i} - \theta_0) \times G]$$

dove:
ρ_w [kg/m^3] è la massa volumica dell'acqua, ipotizzabile pari a 1000 kg/m^3;
c_w [kWh/(kg × K)] è il calore specifico dell'acqua, pari a 1,162 × 10^{-3} kWh/(kg × K);
$V_{w,i}$ [m^3/giorno] è il volume di acqua giornaliero per l'i-esima attività o servizio richiesto;
$\theta_{er,i}$ [°C] è la temperatura di erogazione dell'acqua per l'i-esima attività o servizio richiesto;
θ_0 [°C] è la temperatura dell'acqua fredda in ingresso;
G è il numero di giorni del periodo di calcolo considerato.

Per le valutazioni di calcolo di progetto o standard utilizziamo i seguenti valori di riferimento:
$\theta_{er,i}$ pari a 40 °C;
θ_0 pari alla media annuale dei valori medi mensili della temperatura media giornaliera dell'aria esterna, ricavati dalla UNI 10349-1.

Per il calcolo del fabbisogno termico si considera una temperatura media dell'acqua nelle reti di distribuzione e ricircolo pari a 48 °C. Se sono presenti serbatoi di accumulo, in mancanza di dati di progetto, nel caso di generatori a fiamma alimentati con combustibili fossili, si assumono i seguenti valori:

- 60 °C di temperatura dell'acqua per i serbatoi di accumulo;
- 70 °C di temperatura media dell'acqua per circuito di collegamento tra generatore e serbatoio (circuito primario).

Nel caso di altri sistemi di generazione o di vettori energetici diversi dai combustibili fossili si devono assumere i valori di progetto.

Per le valutazioni nelle condizioni di effettivo utilizzo è possibile servirsi di valori diversi purché opportunamente giustificati nella relazione di calcolo, mediante rilevazioni di centraline o misure.

Tutte le valutazioni viste finora non tengono conto dei fabbisogni richiesti né per la prevenzione e controllo della legionella[24] né per il ricambio d'acqua periodico nelle piscine pubbliche.

2.25 Determinazione dei fabbisogni di energia termica per umidificazione e deumidificazione

Se l'impianto di climatizzazione controlla l'umidità dell'aria, è necessario determinare i fabbisogni di energia termica latente[25] per umidificazione (che indichiamo con $Q_{H,hum,nd}$) e deumidificazione (che indichiamo con $Q_{H,dhum,nd}$) ed aggiungerli rispettivamente al fabbisogno necessario per la climatizzazione invernale ed estiva della zona termica considerata. I calcoli si eseguono in base alle equazioni seguenti:

$$Q_{H,hum,nd} = -min[0; Q_{wv,int} - Q_{H,wv,ve}]$$

$$Q_{C,dhum,nd} = max[0; Q_{wv,int} - Q_{C,wv,ve}]$$

dove:
$Q_{wv,int}$ [MJ] è l'entalpia del vapore di acqua prodotto all'interno della zona da persone e apparecchiature. Si determina con l'equazione seguente:

$$Q_{wv,int} = \frac{h_{wv} \times (G_{wv,Oc} + G_{wv,A}) \times t}{3600}$$

dove:
h_{wv} [J/g] è l'entalpia specifica del vapore d'acqua, convenzionalmente pari a 2544 J/g;
t [Ms] è la durata del mese considerato;

---

[24] Il rapporto tecnico UNI CEN/TR 16355:2012 costituisce un utile strumento per affrontare gli aspetti pratici e installativi degli impianti sanitari per la prevenzione della legionella all'interno degli edifici che convogliano acqua per il consumo umano. Sono inoltre disponibili alcuni provvedimenti legislativi nazionali in merito. Nella relazione tecnica deve essere indicato, se previsto, il tipo di trattamento adottato e una indicazione del fabbisogno termico annuo per la disinfezione termica.
[25] L'energia latente non porta a una variazione di temperatura, per questo motivo i fabbisogni di energia termica per umidificazione e deumidificazione devono essere aggiunto a quelli necessari per la climatizzazione invernale ed estiva.

$G_{wv,Oc}$ [g/h] è la portata di vapore d'acqua dovuta alla presenza di persone, mediata sul tempo;

$G_{wv,A}$ [g/h] è la portata massica di vapore d'acqua dovuta alla presenza di apparecchiature, mediata sul tempo.

$(G_{wv,Oc} + G_{wv,A})$ si ricava dalla Tabella 2.14, Paragrafo 2.13, moltiplicando il valore ottenuto per la superficie utile di pavimento. Per le abitazioni di categoria E.1 (1) e E.1 (2) è pari a 250 g/h, indipendentemente dalla superficie.

$Q_{H,wv,ve}$ [MJ] è l'entalpia della quantità netta di vapore di acqua introdotta nella zona dagli scambi d'aria con l'ambiente circostante per infiltrazione, aerazione e/o ventilazione nel periodo di riscaldamento. Si determina con l'equazione (22);

$Q_{C,wv,ve}$ [MJ] è l'entalpia della quantità netta di vapore di acqua introdotta nella zona dagli scambi d'aria con l'ambiente circostante per infiltrazione, aerazione e/o ventilazione nel periodo di raffrescamento. Si determina con l'equazione (22);

$$Q_{H,wv,ve} = Q_{C,wv,ve} = \rho_a \times h_{wv} \left\{ \sum_k q_{ve,k,mn} \times (x_{int} - x_k) \right\} \times t \quad (22)$$

dove, oltre ai simboli già definiti:

ρ_a [kg/m³] è la massa volumica dell'aria, pari a 1,23 kg/m³ a 10 °C e pressione di 100 kPa;

$q_{ve,k,mn}$ [m³/s] è la portata media giornaliera media mensile del flusso d'aria k-esimo solo se distinta dalla portata d'aria di processo per il controllo dell'umidità dell'aria. Dipende dal tipo di ventilazione presente nell'edificio e si calcola come indicato nei paragrafi 2.7, 2.8, 2.9, 2.10 e 2.11, fissando il fattore di correzione della temperatura b_{ve} pari a 1;

x_{int} [g/kg] è l'umidità massica media dell'aria umida uscente con il ricambio d'aria k-esimo. Si assume pari al valore dell'umidità prefissata per l'aria della zona termica e si calcola con l'equazione seguente:

$$x_{int} = 622 \times \frac{p_{wv,s,int} \times \varphi_{int}}{101325 - p_{wv,s,int} \times \varphi_{int}}$$

dove φ_{int} è l'umidità relativa interna, pari al 50% per tutte le categorie di edifici, e $p_{wv,s,int}$ la pressione parziale del vapore di acqua, in condizioni di saturazione, che si calcola con una delle equazioni seguenti:

$$p_{wv,s,int} = 610{,}5 \times e^{\left[\frac{17{,}269 \times \theta_{int}}{\theta_{int}+237{,}3}\right]} \quad \text{se } \theta_{int} \geq 0\,°C$$

$$p_{wv,s,int} = 610{,}5 \times e^{\left[\frac{21{,}875 \times \theta_{int}}{\theta_{int}+265{,}5}\right]} \quad \text{se } \theta_{int} < 0\,°C$$

x_k [g/kg] è l'umidità massica media del mese considerato del flusso d'aria k-esimo. Si calcola come x_{int} sostituendo a θ_{int} il valore medio mensile della temperatura media giornaliera dell'aria esterna definito nella norma UNI 10349-1.

3 Il fabbisogno di energia primaria dell'edificio

3.1 Rapporto fra energia termica ed energia primaria

Il fabbisogno di energia primaria di un edificio indica la quantità annua di energia primaria effettivamente consumata o che si prevede possa essere necessaria per soddisfare i vari bisogni connessi ad un uso standard dell'edificio. Comprende la climatizzazione invernale, la climatizzazione estiva, la produzione di acqua calda sanitaria, la ventilazione, l'illuminazione artificiale e il trasporto di persone o cose. Al fine di esemplificare il significato di tale indicatore prestazionale si considerano due edifici aventi pari necessità di energia termica ma che possono consumare energia primaria in quantità molto diverse fra loro in funzione delle modalità di produzione dell'energia. Si ipotizzi per il primo edificio l'utilizzo di una caldaia a metano per soddisfare il fabbisogno termico e l'allacciamento alla rete elettrica nazionale per il fabbisogno elettrico, mentre per il secondo edificio l'installazione di un cogeneratore con motore a combustione interna a metano che idealmente soddisfi entrambi i fabbisogni. Non possiamo confrontare direttamente consumi energetici di natura differente, quindi l'unico modo per determinare quale edificio consumi meno energia è calcolare il consumo totale di energia primaria, che dipende, oltre che dal fabbisogno di energia termica, dal tipo di fonte energetica o vettore energetico utilizzato e dall'efficienza di produzione. Si parla di vettore e non di fonte tutte le volte che il composto a cui ci si riferisce deve essere prodotto a partire da una forma di energia precedente. L'idrogeno, ad esempio, è un vettore energetico, in quanto è estremamente diffuso in natura (è contenuto in ogni molecola di acqua) ma si trova solo in forma composta e non esistono processi naturali che permettono la produzione in continuo. Anche l'elettricità è un vettore energetico, al contrario il metano è una fonte energetica essendo già presente in giacimenti e direttamente utilizzabile. L'energia solare è una fonte energetica e può utilizzare diversi vettori, come l'elettricità nel fotovoltaico o il fluido termovettore nel solare termico.

3.2 Il calcolo del fabbisogno di energia primaria

I fabbisogni di energia termica che abbiamo visto nel Capitolo 2 rappresentano esattamente l'energia termica utile che ogni impianto deve fornire in uscita per garantire le prestazioni richieste, tuttavia dobbiamo considerare un'eccedenza per il consumo di energia ausiliaria[26] e per compensare le perdite degli impianti termici, che si suddividono in:

- perdite di emissione;
- perdite di regolazione;
- perdite di distribuzione;
- perdite di accumulo (se presente);
- perdite di generazione.

Per ciascun sottosistema si considera anche l'energia termica recuperata, ossia l'energia dissipata sotto forma di calore e valutata in deduzione al fabbisogno di energia termica che deve essere soddisfatto dal sottosistema a monte di quello in esame. Ad esempio l'energia elettrica consumata dagli ausiliari elettrici del sottosistema di emissione di un impianto di riscaldamento si considera pienamente recuperata come energia termica utile e deve essere sottratta al fabbisogno richiesto al sottosistema di distribuzione, che si trova a monte di quello di emissione. Vedremo in dettaglio il calcolo nel Paragrafo 3.10.

Una volta calcolato il fabbisogno di energia termica richiesto per l'i-esimo servizio (climatizzazione invernale, climatizzazione estiva, produzione di acqua calda sanitaria, ventilazione, illuminazione artificiale, trasporto di persone o cose) fornito nell'edificio o nella zona termica, possiamo ricavare quello di energia primaria totale con l'equazione seguente:

$$E_{P,i} = E_{P,i,nren} + E_{P,i,ren} = Q_i \times f_{P,nren} + Q_i \times f_{P,ren} = Q_i \times f_{P,tot}$$

dove:
$E_{P,i}$ [kWh] è l'energia primaria totale necessaria per l'i-esimo servizio energetico fornito nell'edificio;

---

[26] L'energia ausiliaria è generalmente elettrica ed è utilizzata per l'azionamento di pompe, valvole, ventilatori e sistemi di regolazione e controllo.

$E_{P,i,nren}$ [kWh] è l'energia primaria non rinnovabile necessaria per l'i-esimo servizio energetico fornito nell'edificio;

$E_{P,i,ren}$ [kWh] è l'energia primaria rinnovabile necessaria per l'i-esimo servizio energetico fornito nell'edificio;

Q_i [kWh] indica il fabbisogno di energia termica per l'i-esimo servizio energetico fornito nell'edificio;

$f_{P,nren}$ è il fattore di conversione in energia primaria totale non rinnovabile, che si ricava dalla Tabella 3.1;

$f_{P,ren}$ è il fattore di conversione in energia primaria totale rinnovabile, che si ricava dalla Tabella 3.1.

Se dividiamo $E_{P,i}$ per i metri quadrati di superficie utile dell'edificio o della zona termica considerati, otteniamo l'indice di prestazione termica utile per l'i-esimo servizio, che indichiamo con $EP_{i,nd}$ e misuriamo in kWh/m².

La somma di $f_{P,nren}$ e $f_{P,ren}$ restituisce il fattore di conversione in energia prima totale $f_{P,tot}$.

Vettore o fonte energetica	$f_{P,nren}$	$f_{P,ren}$	$f_{P,tot}$
Gas naturale*	1,05	0	1,05
GPL	1,05	0	1,05
Gasolio o olio combustibile	1,07	0	1,07
Carbone	1,10	0	1,10
Biomasse solide	0,20	0,80	1,00
Biomasse liquide e gassose	0,40	0,60	1,00
Energia elettrica da rete*	1,95	0,47	2,42
Teleriscaldamento**	1,5	0	1,5
Rifiuti solidi urbani	0,2	0,2	0,4
Teleraffrescamento**	0,5	0	0,5
Energia termica da collettori solari	0	1,00	1,00
Energia termica prodotta da fotovoltaico, mini-eolico e mini-idraulico	0	1,00	1,00
Energia termica dall'ambiente esterno – free cooling	0	1,00	1,00
Energia termica dall'ambiente esterno – pompa di calore	0	1,00	1,00
* I valori sono aggiornati ogni due anni sulla base dei dati forniti dal GSE (Gestore Servizi Elettrici).			
** Fattore assunto in assenza di valori dichiarati dal fornitore e asseverati da parte terza.			

Tabella 3.1 – Fattori di conversione in energia primaria
[Fonte: Decreto *requisiti minimi*, Allegato 1]

Se ad esempio, per un determinato periodo di calcolo, il fabbisogno di energia termica per il riscaldamento di una zona, considerate tutte le perdite ed eventuali recuperi, è pari a 1000 kWh e il generatore utilizza gas naturale, l'energia primaria non rinnovabile necessaria per questo servizio è pari a 1050 kWh e quella rinnovabile a zero. Se abbiamo invece un generatore a biomasse solide, l'energia primaria non rinnovabile necessaria per questo servizio è pari a 200 kWh e quella rinnovabile a 800 kWh.

3.3 I terminali di emissione

Ogni terminale di emissione ha una curva caratteristica grazie alla quale possiamo ricavare la potenza termica di progetto in corrispondenza di qualunque differenza di temperatura tra la temperatura media del terminale e la temperatura ambiente di progetto. Indichiamo questa differenza con $\Delta\theta_{des}$ e la calcoliamo con l'equazione seguente:

$$\Delta\theta_{des} = \boxed{\frac{(\theta_{f,des} + \theta_{r,des})}{2}} - \theta_a \qquad (23)$$

dove:
$\theta_{f,des}$ [°C] è la temperatura di mandata di progetto;
$\theta_{r,des}$ [°C] è la temperatura di ritorno di progetto;
θ_a [°C] è la temperatura ambiente di progetto.

Nell'equazione (23) il riquadro indica la temperatura media del terminale, pari alla media aritmetica delle temperature di mandata e di ritorno di progetto.

L'equazione della curva caratteristica è la seguente:

$$\Phi_{em,ref} = B \times \Delta\theta_{ref}^n$$

dove:
$\Phi_{em,ref}$ [W] è la variabile dipendente dell'equazione e indica la potenza di riferimento dell'unità terminale;
B è una costante fornita dal produttore;
$\Delta\theta_{ref}$ [K] è la variabile indipendente dell'equazione e indica la differenza di temperatura di riferimento tra la temperatura media del terminale e la temperatura ambiente di progetto. Ad ogni valore di $\Delta\theta_{ref}$ corrisponde un valore di $\Phi_{em,ref}$;
n è una costante fornita dal produttore.

Una volta generata la curva caratteristica, la potenza di progetto di un'unità terminale può essere determinata in questo modo:

- calcoliamo $\Delta\theta_{des}$ utilizzando l'equazione (23);
- sulla curva caratteristica prendiamo il valore $\Phi_{em,ref}$ in corrispondenza del valore $\Delta\theta_{ref}$ pari a $\Delta\theta_{des}$ calcolato;
- il valore trovato è la potenza di progetto del terminale, che indichiamo con $\Phi_{em,des}$.

Le norme stabiliscono le condizioni di prova per i terminali di emissione e i produttori devono indicare i risultati ottenuti nella documentazione tecnica dei loro prodotti. Nel caso dei radiatori a parete la norma UNI EN 442-2 stabilisce che le prove siano eseguite con una differenza di temperatura nominale tra la temperatura media del terminale e la temperatura ambiente di progetto, pari a 50 K. Questo valore corrisponde alle seguenti condizioni:

- temperatura media del terminale: 70 °C;
- temperatura ambiente θ_a: 20 °C.

La potenza calcolata nelle condizioni di prova è chiamata potenza nominale e si indica con $\Phi_{em,nom}$. Se la differenza di temperatura di progetto $\Delta\theta_{des}$ non corrisponde a quella nominale, in alternativa al metodo grafico, possiamo calcolare la potenza di progetto del terminale con l'equazione seguente:

$$\Phi_{em,des} = \Phi_{em,nom} \times \left[\frac{(\Delta\theta_{des} - \theta_a)}{(50 - \theta_a)}\right]^n \qquad (24)$$

Se il produttore non ha reso noto il valore dell'esponente n, come nel caso di unità terminali non dotate di marcatura CE o costruite in epoca antecedente all'emanazione della normativa, si possono utilizzare i valori della Tabella 3.2. Nel caso di batterie di riscaldamento ad acqua, utilizzate di solito per il post-riscaldamento dell'aria di mandata nelle condotte o inserite in Unità di Trattamento

Aria (U.T.A.)[27], le temperature dell'acqua si calcolano assumendo esponente 1 della curva caratteristica.

Tipo di unità terminale	n
Radiatori	1,30
Termoconvettori	1,40
Pannelli radianti	1,10
Aerotermi e Ventilconvettori	1,00

Tabella 3.2 – Valori dell'esponente *n*
[Fonte: UNI/TS 11300-2:2014, Appendice A, prospetto A.5]

3.4 Perdite di emissione

Le perdite di emissione, che indichiamo con $Q_{l,e}$ ed esprimiamo in kWh, dipendono dalla tipologia dei terminali di emissione, dalle modalità di installazione e dalle caratteristiche termo-fisiche dell'ambiente che servono.

Per il periodo di riscaldamento e per ogni zona termica, le perdite di emissione si calcolano con l'equazione seguente:

$$Q_{l,e} = Q'_H \times \frac{1 - \eta_e}{\eta_e} \qquad (25)$$

dove:
Q'_H è il fabbisogno ideale netto di energia termica utile per riscaldamento pari a $Q_{H,nd} - Q_{W,lhr}$, dove $Q_{H,nd}$ è il fabbisogno ideale di energia termica per riscaldamento utile, calcolato con il metodo indicato al Paragrafo 2.4 e $Q_{W,lhr}$ sono le perdite recuperate dal sistema di acqua calda sanitaria, calcolate come somma delle perdite recuperate dalla distribuzione finale alle utenze, dalla rete di ricircolo, dal circuito primario e dall'eventuale presenza del serbatoio di accumulo;
η_e è il rendimento del sottosistema di emissione, che si ricava dalla Tabella 3.3 o dalla Tabella 3.4.

---

[27] L'Unità Trattamento Aria, nota con l'acronimo U.T.A., è un'apparecchiatura in grado di variare temperatura, umidità, velocità e purezza dell'aria.

Rendimenti di emissione in locali con altezza fino a 4 metri			
Tipologia di terminale	Carico termico medio annuo* [W/m³]		
	≤4	4-10	>10
Radiatori su parete esterna isolata**	0,98	0,97	0,95
Radiatori su parete interna	0,96	0,95	0,92
Ventilconvettori ***	0,96	0,95	0,94
Termoconvettori	0,94	0,93	0,92
Bocchette in sistemi ad aria calda****	0,94	0,92	0,90
Pannelli annegati a pavimento	0,99	0,98	0,97
Pannelli annegati a soffitto	0,97	0,95	0,93
Pannelli a parete	0,97	0,95	0,93
Riscaldatori ad infrarossi	0,99	0,98	0,97

* Il carico termico medio annuo espresso in W/m³ è ottenuto dividendo il fabbisogno annuo di energia termica utile ($Q_{H,nd}$) espresso in Wh, per il tempo convenzionale di esercizio dei terminali di emissione, espresso in ore, e per il volume lordo riscaldato del locale o della zona espresso in metri cubi.

** Il rendimento indicato è riferito ad una temperatura di mandata dell'acqua minore o uguale a 55 °C. Per temperatura di mandata dell'acqua di 85 °C il rendimento decrementa di 0,02 e per temperature di mandata comprese tra 55 e 85 °C si interpola linearmente. Per parete riflettente, si incrementa il rendimento di 0,01. In presenza di parete esterna non isolata (U > 0,8 W/m²K) si riduce il rendimento di 0,04.

*** Valori riferiti a una temperatura media dell'acqua di 45 °C. I consumi elettrici non sono considerati e devono essere calcolati separatamente. Il valore di rendimento riportato in tabella tiene già conto del recupero dell'energia elettrica, che quindi deve essere calcolata solo ai fini della determinazione del fabbisogno di energia ausiliaria e non dell'eventuale recupero.

**** Per quanto riguarda i sistemi di riscaldamento ad aria calda i valori si riferiscono a impianti con:
- bocchette o diffusori correttamente dimensionati in relazione alla portata e alle caratteristiche del locale;
- corrette condizioni di funzionamento (generatore di taglia adeguata, corretto dimensionamento della portata di aspirazione);
- buona tenuta all'aria dell'involucro e della copertura.

La distribuzione con bocchette di mandata in locali di altezza maggiore di 4 metri non è raccomandata. In presenza di tale situazione e qualora le griglie di ripresa dell'aria siano posizionate ad un'altezza non maggiore di 2 metri rispetto al livello del pavimento è opportuno un controllo della stratificazione.

Tabella 3.3 - Rendimenti di emissione in locali con altezza fino a 4 metri
[Fonte: UNI/TS 11300-2:2014, punto 6.2.1, prospetto 17]

I valori di rendimento forniti per i pannelli radianti a pavimento, a parete o a soffitto, annegati nelle strutture disperdenti (verso l'ambiente esterno, non climatizzato, climatizzato a temperatura differente e terreno) devono essere corretti moltiplicando il rendimento stesso per un fattore correttivo, che per ogni pannello radiante *j* si ricava con l'espressione seguente:

$$f_j = \frac{U_i}{U_i + U_e}$$

dove U_i è la trasmittanza termica della parte di struttura dal lato interno rispetto all'asse dei tubi e U_e è quella dal lato esterno. Se i pannelli radianti sono annegati in strutture disperdenti diverse rispetto a quelli elencate poco sopra, il fattore correttivo si calcola con l'espressione seguente:

$$f_{emb} = \frac{\sum_j f_j \times \Phi_j}{\sum_j \Phi_j}$$

dove Φ_j è la potenza nominale del pannello radiante o del gruppo j di pannelli radianti annegati nella stessa struttura disperdente.

Rendimenti di emissione in locali con altezza maggiore di 4 metri									
Tipologia di terminale	Carico termico medio annuo [W/m³]								
	≤4			4-10			>10		
	Altezza del locale								
	6	10	14	6	10	14	6	10	14
Radiatori su parete esterna isolata*	0,96	0,94	0,92	0,95	0,93	0,91	0,93	0,91	0,89
Radiatori su parete interna	0,94	0,92	0,90	0,93	0,91	0,89	0,90	0,88	0,86
Ventilconvettori **	0,94	0,92	0,90	0,93	0,91	0,89	0,92	0,90	0,88
Bocchette in sistemi ad aria calda	0,97	0,96	0,95	0,95	0,94	0,93	0,93	0,92	0,91
Generatore d'aria calda singolo a basamento o pensile	0,97	0,96	0,95	0,95	0,94	0,93	0,93	0,92	0,91
Aerotermi ad acqua	0,96	0,95	0,94	0,94	0,93	0,92	0,92	0,91	0,90
Generatore d'aria calda singolo pensile a condensazione	0,98	0,97	0,96	0,96	0,95	0,94	0,94	0,93	0,92
Strisce radianti ad acqua, a vapore, a fuoco diretto	0,99	0,98	0,97	0,97	0,97	0,96	0,96	0,96	0,95
Riscaldatori ad infrarossi	0,98	0,97	0,96	0,96	0,96	0,95	0,95	0,95	0,94
Pannelli a pavimento annegati***	0,98	0,97	0,96	0,96	0,96	0,95	0,95	0,95	0,95
Pannelli a pavimento (isolati)	0,99	0,98	0,97	0,97	0,97	0,96	0,96	0,96	0,95

* Il rendimento indicato è riferito ad una temperatura di mandata dell'acqua minore o uguale a 55 °C. Per temperatura di mandata dell'acqua di 85 °C il rendimento decrementa di 0,02 e per temperature di mandata comprese tra 55 e 85 °C si interpola linearmente. Per parete riflettente si incrementa il rendimento di 0,01. In presenza di parete esterna non isolata (U > 0,8 W/m²K) si riduce il rendimento di 0,04.
** I consumi elettrici non sono considerati e devono essere calcolati separatamente. Il valore di rendimento riportato in tabella tiene già conto del recupero dell'energia elettrica, che quindi deve essere calcolata solo ai fini della determinazione del fabbisogno di energia ausiliaria e non dell'eventuale recupero.
*** I dati forniti non tengono conto delle perdite di calore non recuperate dal pavimento verso il terreno; queste perdite devono essere calcolate separatamente ed utilizzate per adeguare il valore del rendimento.

Tabella 3.4 - Rendimenti di emissione in locali con altezza maggiore di 4 metri
[Fonte: UNI/TS 11300-2:2014, punto 6.2.1, prospetto 18]

Le perdite maggiori si hanno in due casi:

- in presenza di radiatori installati su pareti esterne non isolate, in quanto causano uno scambio diretto di energia tra i radiatori stessi e l'ambiente esterno;
- nei locali con altezza maggiore di 4 metri perché possono verificarsi fenomeni di stratificazione dell'aria.

Nel caso di locali con altezza maggiore di 4 metri, prima di utilizzare i valori riportati nella Tabella 3.4 dobbiamo verificare che la differenza di temperatura tra pavimento e soffitto non sia superiore a 5 °C. Un valore superiore a questo limite è molto probabile in questi casi:

a) se sono presenti radiatori o ventilconvettori, in quanto poco efficienti nei locali con notevole altezza;
b) se eventuali generatori di aria calda, strisce radianti o pannelli radianti, non sono stati installati secondo le prescrizioni riportate nella Tabella 3.5.

Tipologia di sistema	Condizioni di corretta installazione
Generatori aria calda	- salto termico <30 K in condizioni di progetto; - regolazione modulante o alta bassa fiamma, con ventilatore funzionante in continuo; - generatori pensili installati ad un'altezza non maggiore di 4 m; - per impianti canalizzati, bocchette di ripresa dell'aria in posizione non superiore a 1 m rispetto al livello del pavimento; - buona tenuta all'aria dell'involucro e della copertura (in particolare) dello spazio riscaldato.
Strisce radianti	- apparecchi rispondenti alla norma UNI EN 14037-1; - buona tenuta all'aria dell'involucro e della copertura (in particolare) dello spazio riscaldato.
Pannelli radianti	- sistemi dimensionati e installati secondo la norma UNI EN 1264-3 UNI EN 1264-4.

Tabella 3.5 – Condizioni di corretta installazione per generatori di aria calda, strisce radianti o pannelli radianti
[Fonte: UNI/TS 11300-2:2014, punto 6.2.1, prospetto 19]

In questi casi l'aria calda prodotta dai generatori di calore migra verso l'alto per moto convettivo stratificando al di sotto del soffitto e disperdendosi lentamente verso l'esterno. Per avere una temperatura di 20 °C ad altezza d'uomo, l'aria calda può raggiungere temperature superiori ai 30 °C negli strati più alti dei capannoni alti 7 metri e superiori ai 40 °C se l'altezza è di 12-15 metri. Pertanto se la differenza di temperatura tra pavimento e soffitto è superiore a 5 °C non possiamo utilizzare i valori riportati nella Tabella 3.4 ma dobbiamo procedere al calcolo analitico del rendimento di emissione nel modo seguente[28]:

- dividere lo spazio riscaldato in strisce orizzontali di medesima altezza. La norma non indica un criterio per scegliere il numero esatto di strisce, tuttavia

---

[28] Calcolo analitico con misure in campo definito nella norma UNI EN 15316-2-1:2008 e metodo indicato nella norma UNI/TS 11300-2:2014 punto 6.2.2.

è sufficiente scegliere strisce di altezza pari a 1 metro perché in questi casi il gradiente termico verticale[29] è compreso tra 1 e 2 °C per metro di altezza;
- misurare la temperatura dell'aria ambiente al centro di ogni striscia;
- calcolare l'energia dispersa da ogni singola striscia alla temperatura reale rilevata come se ognuna fosse una zona termica distinta e sommare i contributi delle singole strisce per ottenere la perdita totale dello spazio riscaldato nelle condizioni reali, che indichiamo con Q_{ha} ed esprimiamo in kWh;
- utilizzare la medesima procedura di cui al punto precedente per calcolare l'energia dispersa per trasmissione dello spazio riscaldato, ipotizzando una temperatura uniforme di 20 °C, che indichiamo con Q_{ht} ed esprimiamo in kWh.

Il rapporto Q_{ht}/Q_{ha} fornisce il rendimento del sottosistema di emissione η_e.

Per impedire l'accumulo di calore e la sua dispersione nella parte più alta degli edifici è opportuno installare destratificatori d'aria, che riducono sensibilmente il gradiente termico verticale. In tal modo si ottiene un equilibrio di temperatura fra la parte più bassa e la parte più alta e si impedisce la formazione di sacche di umidità negli strati più bassi. Se sono presenti destratificatori d'aria possiamo utilizzare i valori della Tabella 3.4 ma dobbiamo considerare il relativo consumo elettrico quale ausiliario del sistema di emissione.

Per il periodo di raffrescamento e per ogni zona termica, le perdite di emissione si calcolano con l'espressione seguente:

$$Q_{l,e} = Q_{C,nd} \times \frac{1-\eta_e}{\eta_e}$$

dove:
$Q_{C,nd}$ è il fabbisogno ideale di energia termica utile per raffrescamento calcolato con il metodo indicato al Paragrafo 2.4;
η_e è il rendimento del sottosistema di emissione, che si ricava dalla tabella seguente:

---

[29] Il gradiente termico verticale è il valore (o tasso) con cui cambia la temperatura dell'aria al variare della quota.

Terminale di erogazione	Rendimento di emissione
Ventilconvettori idronici	0,98
Terminali ad espansione diretta, unità interne sistemi split, ecc.	0,97
Armadi autonomi, ventilconvettori industriali posti in ambiente, travi fredde	0,97
Bocchette in sistemi ad aria canalizzata, anemostati, diffusori lineari a soffitto, terminali sistemi a dislocamento	0,97
Pannelli isolati annegati a pavimento	0,97
Pannelli isolati annegati a soffitto	0,98

Tabella 3.6 – Rendimenti di emissione per diverse tipologie di terminali di erogazione
[Fonte: UNI/TS 11300-3:2010, punto 5.2.3, prospetto 6]

Le perdite di emissione non sono recuperabili.

3.5 Perdite di regolazione

I sistemi di regolazione della temperatura hanno lo scopo di mantenere costante la temperatura degli ambienti interni, indipendentemente dalle condizioni climatiche esterne e da altri fattori imprevedibili. Il rendimento è tanto più elevato, e di conseguenza le perdite minori, quanto maggiore è la capacità del sistema di evitare che si generino oscillazioni di temperatura nell'ambiente climatizzato. Esistono principalmente quattro tipologie di sistemi di regolazione:

1) On-Off: è il sistema di regolazione più semplice, nel periodo di riscaldamento il sistema di climatizzazione è acceso per temperature più basse del valore prefissato (set-point) e spento per quelle più alte. Durante il periodo di raffrescamento avviene il contrario, il sistema di climatizzazione è acceso per temperature più alte del valore prefissato e spento per quelle più basse. Questa regolazione è effettuata mediante un unico termostato che rileva la temperatura dell'aria interna e comunica con il sistema di regolazione del generatore;

2) Proporzionale (P): la regolazione proporzionale permette di ridurre gradualmente la potenza media fornita ai terminali man mano che la temperatura si avvicina al set-point. Questa regolazione può essere effettuata tramite un unico termostato che rileva la temperatura dell'aria interna e comunica con il sistema di regolazione del generatore oppure con l'ausilio di valvole termostatiche installate su ogni terminale. Una valvola termostatica è un dispositivo composto da una valvola autoregolante alla

quale è associato un termostato e può essere utilizzata sia per impianti di riscaldamento che raffrescamento. L'efficienza della regolazione proporzionale dipende dalla sensibilità del sensore temperatura presente nel termostato e di conseguenza dalla sua banda proporzionale. Se ad esempio abbiamo una valvola termostatica con una banda proporzionale di 2 °C ciò significa che la temperatura ambiente può oscillare di ±1 °C rispetto al valore di set-point, pertanto la valvola, durante il periodo di riscaldamento, inizierà a ridurre il flusso quando rileverà una temperatura ambiente di 1 °C inferiore rispetto al set-point e lo chiuderà completamente quando sarà di 1 °C superiore. Se la banda proporzionale è troppo stretta si avrà un'oscillazione intorno al set-point con continue aperture e chiusure simili ad una regolazione On-off, se è troppo larga il controllo risponderà in modo lento e potrebbe occorrere molto tempo per raggiungere la temperatura desiderata. In condizioni standard una banda di 0,5 °C è il miglior compromesso;

3) <u>Proporzionale Integrale (PI)</u>: un sistema PI aggiunge ai vantaggi della regolazione proporzionale un'azione Integrale (I) basata sui valori passati della temperatura ambiente. La combinazione delle azioni P ed I consente di ridurre lo scostamento tra il set-point e la temperatura reale misurata;

4) <u>Proporzionale Integrativo Derivativo (PID)</u>: con un sistema PI si ottiene una buona regolazione a regime ma la risposta del regolatore ad un disturbo improvviso (come ad esempio l'apertura inaspettata di una finestra) risulta molto lenta. Un sistema PID aggiunge ai vantaggi della regolazione PI anche un'azione Derivativa (D) basata sulla previsione della variazione della temperatura ambiente. Questo permette al sistema di avere una risposta direttamente proporzionale alla velocità di avvicinamento o allontanamento dal set-point.

I sistemi di regolazione PID rappresentano la soluzione migliore per gli impianti a bassa inerzia termica, al contrario gli impianti ad alta inerzia termica rispondono lentamente alle variazioni di temperatura ambiente e devono funzionare 24 ore su 24 per raggiungere le prestazioni volute. Gli impianti di riscaldamento a pavimento hanno generalmente un'alta inerzia termica a causa dello spessore del massetto nel quale sono annegati i pannelli, tuttavia esistono soluzioni a basso spessore che rispondono più rapidamente alle variazioni di temperatura ambiente.

Le perdite di regolazione si indicano con $Q_{l,rg}$ e si esprimono in kWh. Per il periodo di riscaldamento e per ogni zona termica, si calcolano con l'espressione seguente:

$$Q_{l,rg} = (Q'_H + Q_{l,e}) \times \frac{(1 - \eta_{rg})}{\eta_{rg}}$$

dove:
Q'_H [kWh] è il fabbisogno ideale netto di energia termica utile per riscaldamento che abbiamo visto nel Paragrafo 3.4;
$Q_{l,e}$ [kWh] sono le perdite di emissione;
η_{rg} è il rendimento del sottosistema di regolazione, che si ricava dalla Tabella 3.7.

Il temine $(Q'_H + Q_{l,e})$ rappresenta il fabbisogno di energia termica in entrata al sottosistema di emissione.

Rendimenti di regolazione				
		Sistemi a bassa inerzia termica	Sistemi ad alta inerzia termica	
Tipo di regolazione	Caratteristiche della regolazione	Radiatori, convettori, strisce radianti ed aria calda	Pannelli integrati nelle strutture edilizie e disaccoppiati termicamente	Pannelli integrati nelle strutture edilizie e non disaccoppiati termicamente
Solo Climatica (compensazione con sonda esterna) K – (0,6 η$_u$ γ)*		K=1	K=0,98	K=0,94
Solo di zona	On-Off	0,93	0,91	0,87
	P banda prop. 2 °C	0,94	0,92	0,88
	P banda prop. 1 °C	0,97	0,95	0,91
	P banda prop. 0,5 °C	0,98	0,96	0,92
	PI o PID	0,99	0,97	0,93
Solo per singolo ambiente	On-Off	0,94	0,92	0,88
	P banda prop. 2 °C	0,95	0,93	0,89
	P banda prop. 1 °C	0,98	0,97	0,95
	P banda prop. 0,5 °C	0,99	0,98	0,96
	PI o PID	0,995	0,99	0,97
Zona + climatica	On-Off	0,96	0,94	0,92
	P banda prop. 2 °C	0,96	0,95	0,93
	P banda prop. 1 °C	0,97	0,96	0,94
	P banda prop. 0,5 °C	0,98	0,97	0,95
	PI o PID	0,995	0,98	0,96
Per singolo ambiente + climatica	On-Off	0,97	0,95	0,93
	P banda prop. 2 °C	0,97	0,96	0,94
	P banda prop. 1 °C	0,98	0,97	0,95
	P banda prop. 0,5 °C	0,99	0,98	0,96
	PI o PID	0,995	0,99	0,97
* γ rappresenta il rapporto tra apporti e dispersioni definito nella UNI/TS 11300-1				

> η$_u$ è il fattore di utilizzo degli apporti definito nella UNI/TS 11300-1
>
> Nel caso di assenza di regolazione della temperatura ambiente (solo termostato di caldaia), ai soli fini di valutazione dei miglioramenti dell'efficienza energetica, si possono utilizzare i valori della regolazione "solo climatica" con una penalizzazione di 0,05 sul rendimento.
> Per quanto riguarda le funzioni di regolazione contenute nella UNI EN 15232:2012 prospetto 2 punto 1.1, il tipo di regolazione "solo climatica" (compensazione con sonda esterna), nel caso di assenza di regolazione della temperatura ambiente (solo termostato di caldaia) corrisponde alla funzione 0 "No automatic control", mentre nel caso di presenza della compensazione con sonda esterna corrisponde alla funzione 1 "central automatic control". Le funzioni 2,3,4 contenute nello stesso punto "Individual room control", "Individual room control with communication" e "Individual room control with communication and presence control" fanno riferimento alle tipologie di regolazione di zona e singolo ambiente, così come previsto dalla stessa UNI EN 15232:2012 prospetto 2 punto 1.5.
> La norma UNI EN 215 sulle valvole termostatiche fornisce indicazioni sulle definizioni di banda proporzionale indicate nel prospetto.

Tabella 3.7 – Rendimenti di regolazione per il periodo di riscaldamento
[Fonte: UNI/TS 11300-2:2014, punto 6.3, prospetto 20]

Per il periodo di raffrescamento e per ogni zona termica, le perdite di regolazione si calcolano con l'espressione seguente:

$$Q_{l,rg} = (Q_{C,nd} + Q_{l,e}) \times \frac{1 - \eta_{rg}}{\eta_{rg}}$$

dove:
$Q_{C,nd}$ [kWh] è il fabbisogno ideale di energia termica per raffrescamento;
η_{rg} è il rendimento di regolazione, che si ricava dalla tabella seguente:

Sistema di controllo	Tipologia di regolazione	Rendimento di regolazione
Regolazione centralizzata	Regolazione On-Off	0,84
	Regolazione modulante	0,90
Controllori zona	Regolazione On-Off	0,93
	Regolazione modulante (banda 2 °C)	0,95
	Regolazione modulante (banda 1 °C)	0,97
Controllo singolo ambiente	Regolazione On-Off	0,94
	Regolazione modulante (banda 2 °C)	0,96
	Regolazione modulante (banda 1 °C)	0,98

Tabella 3.8 – Rendimenti di regolazione per il periodo di raffrescamento
[Fonte: UNI/TS 11300-3:2010, punto 5.2.4, prospetto 7]

3.6 Perdite di distribuzione

Una rete di distribuzione è composta da uno o più circuiti dedicati al traporto dell'acqua calda sanitaria o del fluido termovettore per la climatizzazione degli ambienti interni. Il fluido termovettore può essere liquido (ad esempio l'acqua negli impianti a radiatori) o gassoso (ad esempio l'aria all'interno di canali). Quando è presente un impianto autonomo, la rete solitamente collega il generatore direttamente con l'utenza, se invece il sistema di generazione è comune a più unità immobiliari, la rete può essere suddivisa in due o più circuiti, tra quelli elencati di seguito:

1) Circuito di generazione;
2) Circuito primario, che alimenta più circuiti di distribuzione;
3) Circuito di distribuzione, comune a più unità immobiliari;
4) Distribuzione interna alle singole unità immobiliari, chiamata anche rete di utenza.

Parte dell'energia termica trasportata viene dispersa durante il passaggio nei tubi o nei canali, spesso non isolati verso l'esterno o verso ambienti non climatizzati. Queste perdite dipendono dalla lunghezza delle tubazioni o dei canali, dalla dimensione degli stessi e dalla temperatura del fluido trasportato. Per ridurle è opportuno collocare tubazioni e canali all'interno dell'involucro, prevedere lunghezze contenute e un congruo isolamento, tenendo in considerazione che le perdite all'interno degli ambienti interni climatizzati si considerano recuperate poiché contribuiscono alla climatizzazione degli stessi.

Nei circuiti con fluido termovettore acqua, le perdite di distribuzione, che indichiamo con $Q_{l,d}$ ed esprimiamo in kWh, per ogni zona termica si calcolano con l'espressione seguente:

$$Q_{l,d} = \frac{\sum_i L_i \times \Psi_i \times (\theta_{w,avg,i} - \theta_{a,i}) \times t}{1000}$$

dove:
L_i [m] è la lunghezza dell'i-esimo tratto di tubazione;
Ψ_i [W/mK] è la trasmittanza termica lineare dell'i-esimo tratto di tubazione, calcolata come indicato nel Paragrafo 3.7;

$\theta_{w,avg,i}$ [°C] è la temperatura media dell'acqua nell'i-esimo tratto di tubazione, fissata nel progetto o calcolata come indicato nell'Appendice A della norma UNI/TS 11300-2:2014;

$\theta_{a,i}$ [°C] è la temperatura dell'ambiente nel quale è localizzato l'i-esimo tratto di tubazione. In assenza di dati di progetto più precisi o di rilievi sul campo si possono utilizzare i valori riportati nella tabella seguente:

Posizione della tubazione	Temperatura [°C]
Corrente in ambienti climatizzati	Temperatura di set-point dell'ambiente climatizzato
Incassata in struttura isolata delimitante l'involucro, all'interno dello strato di isolamento principale	Temperatura di set-point dell'ambiente climatizzato
Incassata in struttura isolata delimitante l'involucro, all'esterno dello strato di isolamento principale	Valore medio mensile della temperatura media giornaliera dell'aria esterna definito nella norma UNI 10349-1
Incassata in struttura non isolata delimitante l'involucro	Valore medio mensile della temperatura media giornaliera dell'aria esterna definito nella norma UNI 10349-1
Incassata in struttura interna all'involucro	Temperatura di set-point dell'ambiente climatizzato
Corrente all'esterno	Valore medio mensile della temperatura media giornaliera dell'aria esterna definito nella norma UNI 10349-1
Corrente in ambiente non climatizzato adiacente ad ambienti climatizzati	Temperatura dell'ambiente non climatizzato calcolata come indicato al Paragrafo 2.6
Corrente in altri ambienti non climatizzati	Dati di progetto o misurazioni
Interrata (a profondità minore di 1m)	Valore medio mensile della temperatura media giornaliera dell'aria esterna definito nella norma UNI 10349-1
In centrale termica (nel caso in cui non sia adiacente ad ambienti non climatizzati)	Valore medio mensile della temperatura media giornaliera dell'aria esterna definito nella norma UNI 10349-1 + 5 °C

Tabella 3.9 – Temperature ambiente
[Fonte: UNI/TS 11300-2:2014, Appendice A, prospetto A.1]

t [h] è la durata del periodo considerato (mese o frazione di mese).

Un impianto termico può comprendere reti di utenza a temperature diverse[30], alimentate da un circuito comune di distribuzione, in tal caso la temperatura di mandata del circuito si assume come il massimo fra:

---

[30] Ad esempio può servire contemporaneamente una rete di utenza con pannelli radianti a pavimento (bassa temperatura), una rete con ventilconvettori (bassa temperatura) e una rete con radiatori (alta temperatura).

- le temperature richieste dalle reti alimentate;
- la temperatura di mandata di eventuali generatori funzionanti a temperatura fissa.

In presenza di valvole miscelatrici nelle reti di utenza, la temperatura di mandata minima da considerare per il periodo di riscaldamento deve essere maggiore di 5 °C rispetto alla temperatura di mandata delle unità terminali. Le valvole miscelatrici consentono la regolazione di un impianto di riscaldamento centralizzato attraverso la miscelazione dell'acqua in uscita dal circuito di distribuzione con quella di ritorno dall'impianto, allo scopo di ottenere la temperatura desiderata di mandata all'utenza.

Le perdite di distribuzione nei circuiti con fluido termovettore acqua possono essere recuperate in misura diversa in base alla posa della tubazione e al sistema di regolazione di temperatura installato. Indichiamo le perdite recuperabili con $Q_{lrh,d}$ e le calcoliamo con seguente equazione:

$$Q_{lrh,d} = Q_{l,d} \times k_{rh}$$

dove k_{rh} è il fattore di recuperabilità che ricaviamo dalla tabella seguente:

Posizione della tubazione	k_{rh}
In ambiente climatizzato	1
Incassata in struttura interna all'involucro	0,95
Incassata in struttura isolata delimitante l'involucro, all'interno dello strato di isolamento principale	0,95
Incassata in struttura isolata delimitante l'involucro, all'esterno dello strato di isolamento principale	0,05
Incassata in struttura non isolata delimitante l'involucro	$U_i/(U_e + U_i)$*
All'esterno dell'ambiente climatizzato	0
*U_i è la trasmittanza termica della parte di struttura dal lato interno rispetto all'asse dei tubi, U_e è la trasmittanza termica della parte di struttura dal lato esterno rispetto all'asse dei tubi.	

Tabella 3.10 – Fattori di recuperabilità delle perdite di distribuzione
[Fonte: UNI/TS 11300-2:2014, Appendice A, prospetto A.2]

Le perdite di distribuzione recuperate sono una frazione di quelle recuperabili, ed esattamente:

- il 95% in presenza di regolazione di zona o per singolo ambiente;

- l'80% in tutti gli altri casi.

Nei circuiti con fluido termovettore aria, le perdite di distribuzione, che indichiamo con $Q_{l,da,tr}$ ed esprimiamo in kWh, sono causate dalle perdite per trasmissione attraverso le pareti delle condotte. Per ogni zona termica si calcolano con l'espressione seguente:

$$Q_{l,da,tr} = \sum_k \rho_a c_a \times q_{v,duct,k} \times \beta_k \times FC_{ve,k} \times t \times \Delta\theta_{duct,k}$$

dove:

$\rho_a c_a$ [Wh/m³K] è la capacità termica volumica dell'aria pari a 0,34 Wh/m³K a 20° C, equivalente a 1200 J/m³K;

$q_{v,duct,k}$ [m³/h] è la portata nominale della ventilazione meccanica che attraversa la condotta k-esima;

β_k [h] è la frazione dell'intervallo temporale di calcolo con ventilazione meccanica funzionante per il flusso d'aria k-esimo. Per valutazioni di progetto e standard è desumibile dalla Tabella 2.9, Paragrafo 2.8.

$FC_{ve,k}$ è il fattore di efficienza di regolazione dell'impianto di ventilazione della zona considerata, calcolato come indicato nella Tabella 2.11, Paragrafo 2.8;

t [h] è l'intervallo di tempo di calcolo;

$\Delta\theta_{duct,k}$ [°C] è la differenza tra la temperatura dell'aria in ingresso θ_{in} e quella in uscita θ_{out} alla condotta k-esima. Per effettuare il calcolo deve essere nota una delle due. Nell'ipotesi che non vi siano fenomeni di condensazione interna tali da modificare l'umidità assoluta tra ingresso e uscita, possiamo utilizzare le formule seguenti:

$$\theta_{out,i} = \theta_{in,i} \times \left(e^{-\frac{U'_i \times L_{rete,i}}{0,34 \times q_{v,i}}}\right) + \theta_{surduct,i} \times \left(1 - e^{-\frac{U'_i \times L_{rete,i}}{0,34 \times q_{v,i}}}\right)$$

$$\theta_{in,i} = \frac{\theta_{out,i} - \theta_{surduct,i} \times \left(1 - e^{-\frac{U'_i \times L_{rete,i}}{0,34 \times q_{v,i}}}\right)}{e^{-\frac{U'_i \times L_{rete,i}}{0,34 \times q_{v,i}}}}$$

dove:

$\theta_{in,i}$ [°C] è la temperatura all'ingresso nel tratto i-esimo di condotta considerata;

$\theta_{out,i}$ [°C] è la temperatura in uscita dal tratto i-esimo di condotta considerata;

$\theta_{surduct,i}$ [°C] è la temperatura dell'ambiente in cui è installato il tratto i-esimo di condotta considerata. Nel caso di ambiente esterno si assume il valore medio mensile della temperatura media giornaliera dell'aria esterna secondo la norma UNI 10349-1, nel caso di un ambiente non climatizzato adiacente ad un ambiente climatizzato è necessario eseguire il calcolo come indicato al Paragrafo 2.6;

$L_{rete,i}$ [m] è la lunghezza del tratto i-esimo di condotta considerata;

U'_i [W/mK] è la trasmittanza termica lineare del tratto i-esimo di condotta considerata, che si determina come indicato al Paragrafo 3.7 con formula (26);

$q_{v,i}$ [m³/h] è la portata nominale della ventilazione meccanica che attraversa il tratto i-esimo di condotta considerata.

E bene tener presente che nel periodo di raffrescamento, sia nel caso di tubazioni percorse da acqua refrigerata sia nel caso di canali percorsi da aria fredda, la coibentazione deve assicurare una temperatura superficiale tale da evitare la condensazione di vapor d'acqua in relazione alla temperatura e umidità relativa dell'aria esterna alla tubazione.

3.7 La trasmittanza termica lineare

La trasmittanza termica lineare è una grandezza fisica che misura la quantità di potenza termica scambiata da una tubazione o da una condotta per unità di lunghezza e unità di differenza di temperatura. Si misura in W/mK e dipende dal tipo di posa e dall'isolamento.

Per tubazioni isolate correnti in aria, la trasmittanza termica lineare è data dall'espressione seguente:

$$\Psi = \frac{\pi}{\frac{1}{2\lambda} \times \ln\frac{D}{d} + \frac{1}{\alpha_{air} \times D}}$$

dove:

λ [W/mK] è la conduttività dello strato isolante, in assenza dei dati del produttore si possono utilizzare i valori della Tabella 3.11;
D [m] è il diametro esterno complessivo della tubazione isolata;
d [m] è il diametro esterno della tubazione;
α_{air} [W/m²K] è il coefficiente di scambio convettivo pari a 4 W se la tubazione è situata in ambienti interni e 10 W se in ambienti esterni.

Materiale	Conduttività λ [W/mK]
Materiali espansi organici a cella chiusa	0,04
Lana di vetro, massa volumica 50 kg/m³	0,045
Lana di vetro, massa volumica 100 kg/m³	0,042
Lana di roccia	0,060
Poliuretano espanso (preformati)	0,042

Tabella 3.11 – Conduttività dello strato isolante
[Fonte: UNI/TS 11300-2:2014, Appendice A, prospetto A.3]

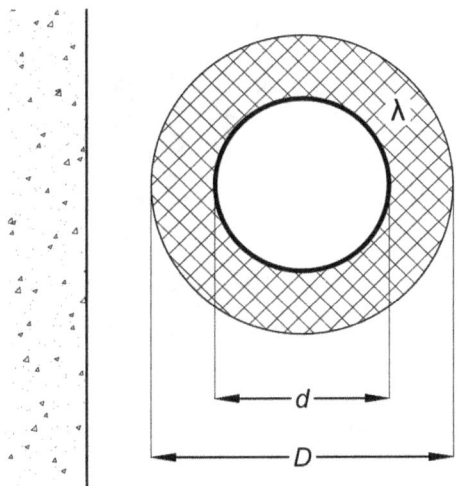

Figura 3.1 – Tubazione isolata corrente in aria

Per tubazioni isolate correnti in aria con più strati di isolante, la trasmittanza termica lineare è data dall'espressione seguente:

$$\Psi = \frac{\pi}{\sum_{j=1}^{n}\frac{1}{2\lambda_j} \times ln\frac{d_j}{d_{j-1}} + \frac{1}{\alpha_{air} \times D}}$$

dove:
λ_j [W/mK] è la conduttività dello strato isolante j, in assenza dei dati del produttore si possono utilizzare i valori della Tabella 3.11;
n è il numero di strati isolanti significativi;
d_j [m] è il diametro esterno dello strato isolante j, iniziando dal più interno;
d_0 [m] è il diametro esterno della tubazione;
D [m] è il diametro esterno complessivo della tubazione isolata e corrisponde a d_j dell'ultimo strato isolante;
α_{air} [W/m²K] è il coefficiente di scambio convettivo, pari a 4 W se la tubazione è situata in ambienti interni e 10 W se in ambienti esterni.

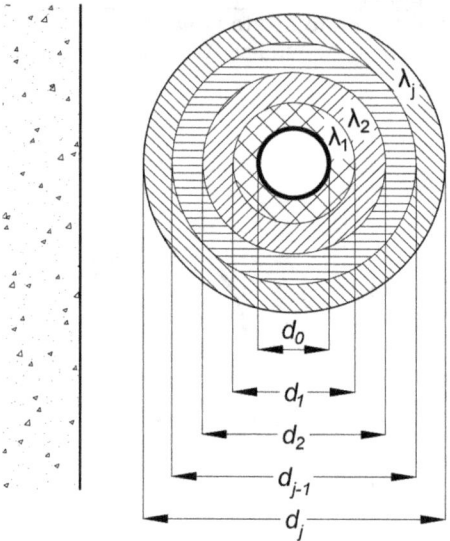

Figura 3.2 – **Tubazione isolata corrente in aria con più strati di isolante**

Per tubazioni singole incassate nella muratura, la trasmittanza termica lineare è data dall'espressione seguente:

$$\Psi = \frac{\pi}{\sum_{j=1}^{n} \frac{1}{2\lambda_j} \times ln\frac{d_j}{d_{j-1}} + \frac{1}{2\lambda_G} \times ln\frac{4z}{D}}$$

dove, oltre ai simboli già definiti:

λ_G [W/mK] è la conduttività del materiale attorno alla tubazione, in assenza di informazioni più precise si assume $\lambda_G = 0,7$ W/mK;

z [m] è la profondità di incasso, in assenza di informazioni più precise si assume z = 0,1 m.

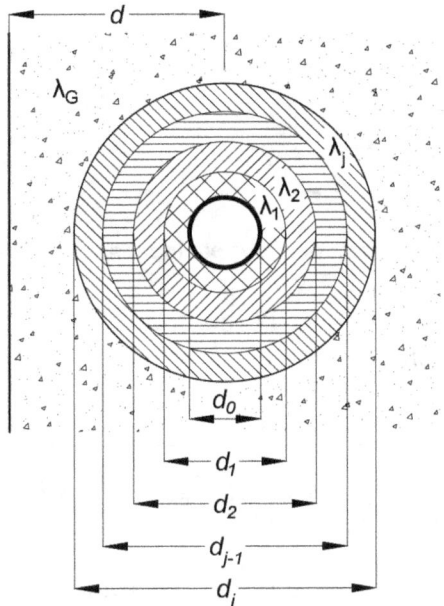

Figura 3.3 – Tubazione singola incassata nella muratura

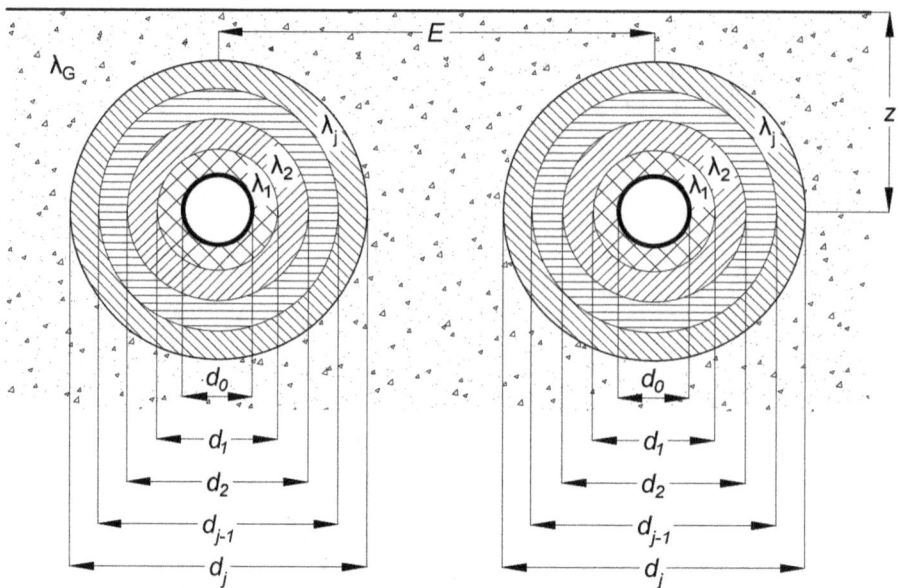

Figura 3.4 – Tubazioni in coppia incassate nella muratura

Per tubazioni in coppia, incassate nella muratura, la trasmittanza termica lineare è data dall'espressione seguente:

$$\Psi = \frac{\pi}{\sum_{j=1}^{n} \frac{1}{2\lambda_j} \times ln\frac{d_j}{d_{j-1}} + \frac{1}{2\lambda_G} \times ln\frac{4z}{D} + \frac{1}{2\lambda_G} \times ln\sqrt{1 + \frac{4z^2}{E^2}}}$$

dove, oltre ai simboli già definiti, E è l'interasse tra le tubazioni, espresso in metri.

Per le tubazioni interrate si applicano le formule relative alle tubazioni incassate nella muratura, dove λ_G indica però la conduttività del terreno. In assenza di informazioni più precise λ_G si assume pari a 1,5 W/mK per argilla o limo, 2,0 W/mK per sabbia o ghiaia e 3,5 W/mK per roccia omogenea, come indicato nella Tabella 1.4 al Paragrafo 1.5.

Per le condotte, la trasmittanza termica lineare è data dall'espressione seguente:

$$U'_i = \frac{\pi}{\frac{1}{2\lambda_{d,i}} ln\frac{D_{e,i}}{D_{int,i}} + \frac{R_{se,i}}{D_{e,i}}} \qquad (26)$$

dove:
$\lambda_{d,i}$ [W/mK] è la conduttività termica del materiale isolante del tratto i-esimo di condotta considerata;
$R_{se,i}$ [m²K/W] è la resistenza superficiale esterna del tratto i-esimo della condotta considerata, si calcola come indicato al Paragrafo 1.1;
$D_{e,i}$ [m] è il diametro esterno di una condotta circolare equivalente al tratto i-esimo della condotta considerata;
$D_{int,i}$ [m] è il diametro interno di una condotta circolare equivalente al tratto i-esimo della condotta considerata.

Il diametro esterno di una condotta circolare equivalente può essere calcolato con la formula seguente, solo se $\frac{a}{b} \leq 4$, dove a e b sono le dimensioni della condotta:

$$D_{e,i} = 1{,}30 \times \frac{(a \times b)^{0{,}625}}{(a+b)^{0{,}250}}$$

Applicazioni	Velocità dell'aria nelle condotte principali (m/s)	Velocità dell'aria nelle condotte secondarie (m/s)
Teatri e auditorium	3,5	2,5
Appartamenti, alberghi e ospedali	4,0	3,0
Uffici privati, uffici direzionali e biblioteche	5,0	4,0
Uffici aperti, ristoranti e banche	6,0	5,0
Bar e magazzini	6,0	5,0
Industrie	6,5	5,0

Tabella 3.12 – Velocità dell'aria nelle condotte
[Fonte: UNI/TS 11300-2:2014, Appendice A, prospetto A.7]

Il diametro interno di una condotta circolare equivalente può essere calcolato con la formula seguente:

$$D_{int,i} = \sqrt{\frac{4 q_{v,i}}{\pi \times 3600 \times v_i}}$$

dove:
$q_{v,i}$ [m³/s] è la portata d'aria del tratto i-esimo della condotta considerata;

v_i [m/s] è la velocità media dell'aria nel tratto i-esimo della condotta considerata. In assenza di dati di progetto possono essere utilizzati i valori della Tabella 3.12, che indicano le velocità raccomandate.

3.8 Perdite dei serbatoi di accumulo

I serbatoi di accumulo sono serbatoi in cui l'acqua calda o fredda prodotta dal sistema di generazione, e al momento non necessaria, viene immagazzinata e successivamente richiamata dall'impianto, o utilizzata, nel caso di acqua calda, ai fini sanitari. Se abbiamo un generatore con accumulo incorporato (accumulo interno), le perdite di energia termica relative al serbatoio sono considerate nel computo delle perdite del sottosistema di generazione, se invece abbiamo un serbatoio di accumulo esterno al generatore, i due sottosistemi sono collegati tra loro mediante tubazioni e pompa di circolazione (circuito primario) e in tal caso dobbiamo considerare:

- le perdite del serbatoio, che indichiamo con $Q_{l,W,s}$, esprimiamo in kWh e calcoliamo con la formula seguente:

$$Q_{l,W,s} = \frac{S_s}{d_s} \times (\theta_{avg,w,s} - \theta_a) \times t \times \frac{\lambda_s}{1000}$$

dove:
S_s [m²] è la superficie esterna del serbatoio;
d_s [m] è lo spessore dello strato isolante;
λ_s [W/mK] è la conduttività dello strato isolante;
t [h] è la durata del periodo considerato;
$\theta_{avg,w,s}$ [°C] è la temperatura media dell'acqua nel serbatoio di accumulo. In assenza di dati di progetto o misurazioni la temperatura media per serbatoi di acqua calda sanitaria è convenzionalmente fissata a 60 °C;
θ_a [°C] è la temperatura ambiente del locale di installazione dell'accumulo.

Nel caso di serbatoi di accumulo di acqua calda, se il produttore ha dichiarato il valore della dispersione termica K_{boll} [W/K] le perdite del serbatoio devono essere calcolate con l'espressione seguente:

$$Q_{l,W,s} = K_{boll} \times (\theta_{avg,w,s} - \theta_a) \times \frac{t}{1000}$$

Se il produttore ha dichiarato la perdita giornaliera di energia termica Q_{test} [kWh/giorno] e la differenza di temperatura con la quale ha eseguito la prova, possiamo ricavare K_{boll} con l'espressione seguente:

$$K_{boll} = \frac{Q_{test}}{0,024 \times (\theta_{test,w,s} - \theta_{test,a})}$$

dove:

$\theta_{test,w,s}$ [°C] è la temperatura media dell'acqua nel serbatoio di accumulo nelle condizioni di prova, dichiarata dal fabbricante;

$\theta_{test,a}$ [°C] è la temperatura ambiente del locale di installazione dell'accumulo nelle condizioni di test, dichiarata dal fabbricante.

- le perdite del circuito primario, che devono essere calcolate come perdite di distribuzione ma sono trascurabili solo se la distanza tra generatore e serbatoio di accumulo è minore o uguale di 5 metri e le tubazioni sono isolate;
- eventuali recuperi di energia termica. Se il serbatoio si trova all'esterno dell'ambiente climatizzato, le perdite non sono recuperabili, al contrario lo sono se installato all'interno degli ambienti climatizzati poiché contribuiscono alla climatizzazione degli stessi. Se al serbatoio sono collegati circuiti per il recupero del calore, come ad esempio una pompa di calore o un motore endotermico, l'energia termica recuperata deve essere sottratta al fabbisogno di generazione.

Se il serbatoio di accumulo è collegato a un circuito per il recupero del calore di un sottosistema di generazione, l'energia termica recuperata deve essere sottratta al fabbisogno richiesto alla generazione.

3.9 Perdite di generazione

Le perdite di generazione dipendono dalle caratteristiche del generatore, dalla temperatura del fluido termovettore utilizzato e dalle condizioni di esercizio. In caso di valutazioni standard nel periodo di riscaldamento, le perdite di generazione, che indichiamo con $Q_{l,gn}$ ed esprimiamo in kWh, possono essere calcolate con la formula seguente:

$$Q_{l,gn} = (Q_{hr} + Q_{l,d}) \times \frac{1-\eta_{gn}}{\eta_{gn}}$$

dove:
Q_{hr} [kWh] è il fabbisogno effettivo di energia termica che deve essere immesso negli ambienti riscaldati dalla rete di distribuzione. Deve tener conto delle perdite a valle dello stesso pertanto è dato dalla somma del fabbisogno di energia termica dell'edificio per la climatizzazione invernale $Q_{H,nd}$, delle perdite di emissione $Q_{l,e}$, delle perdite di regolazione $Q_{l,rg}$ e di eventuali perdite di accumulo $Q_{l,W,s}$ se il serbatoio di accumulo è esterno al generatore;
$Q_{l,d}$ [kWh] sono le perdite di energia del sottosistema di distribuzione;
η_{gn} è il rendimento di generazione, che si ricava dai prospetti presenti nella norma UNI/TS 11300-2 per generatori alimentati a combustibile fossile e nella norma UNI/TS 11300-4 per generatori alimentati da fonti rinnovabili.

Le perdite dei generatori di acqua calda alimentati da energia elettrica, che indichiamo con $Q_{H,g\_el,ls}$ ed esprimiamo in kWh, si calcolano invece con l'equazione seguente:

$$Q_{H,g\_el,ls} = \Phi_{g\_el,n} \times P'_{g\_el,env} \times \frac{\theta_{g\_el,av} - \theta_{g\_el,int}}{\Delta\theta_{gl\_el,test}} \times t_{ci} \times (1 - k_{g\_el,rh})$$

dove:
$\Phi_{g\_el,n}$ [kW] è la potenza nominale delle resistenze elettriche del generatore;
$P'_{g\_el,env}$ [%] è il fattore di perdita dichiarato dal produttore e riferito alla potenza nominale delle resistenze elettriche in condizioni di prova. In assenza dei dati dichiarati può essere calcolato con la formula seguente:

$$P'_{g\_el,env} = 1{,}5 - 0{,}44 \times lg(\Phi_{g\_el,n})$$

$\theta_{g\_el,av}$ [°C] è la temperatura media effettiva del generatore elettrico;
$\theta_{g\_el,int}$ [°C] è la temperatura del locale di installazione del generatore elettrico;

$\Delta\theta_{gl\_el,test}$ [K] è la differenza fra la temperatura nel generatore e l'ambiente di installazione in condizioni di prova. In assenza di dati dichiarati si assume pari a 50 K;

t_{ci} [h] è la durata dell'intervallo di calcolo;

$k_{g\_el,rh}$ è il fattore di recupero legato al tipo di locale di installazione. È equivalente al fattore k_{rh} per il sottosistema di distribuzione e si ricava dalla Tabella 3.10.

In caso di valutazioni standard con condizioni differenti da quelle presenti nei prospetti delle norme UNI/TS 11300-2 e 11300-4, oppure per valutazioni sul progetto bisogna far riferimento all'Appendice B della norma UNI/TS 11300-2:2014.

Per il sottosistema di generazione sono recuperabili le perdite seguenti:

- le dispersioni termiche del mantello del generatore, se installato nell'ambiente climatizzato. Il mantello è l'involucro esterno del generatore;
- la quota di energia idraulica trasmessa come energia termica al circuito della pompa primaria.

3.10 Gli ausiliari elettrici dell'impianto di riscaldamento

L'energia elettrica è necessaria per l'azionamento degli ausiliari (pompe, valvole, ventilatori e sistemi di regolazione e controllo) negli impianti di riscaldamento, raffrescamento, ventilazione e produzione di acqua calda sanitaria. Il fabbisogno elettrico per gli ausiliari presenti nell'impianto di riscaldamento, che indichiamo con $E_{H,aux}$ ed esprimiamo in kWh, è dato dall'espressione seguente:

$$E_{H,aux} = E_{aux,e} + E_{aux,d} + E_{aux,gn}$$

dove:

$E_{aux,e}$ [kWh] è il fabbisogno di energia elettrica degli ausiliari del sottosistema di emissione e si considera pienamente recuperato come energia termica utile, pertanto deve essere sottratto al fabbisogno richiesto al sottosistema di distribuzione;

$E_{aux,d}$ [kWh] è il fabbisogno di energia elettrica degli ausiliari del sottosistema di distribuzione e non è sempre recuperabile, come vedremo tra poco in

$E_{aux,gn}$ dettaglio;
[kWh] è il fabbisogno di energia elettrica degli ausiliari del sottosistema di generazione e non è recuperabile.

Per i terminali di emissione privi di ventilatore, il fabbisogno del sottosistema di emissione è nullo, per tutti gli altri si calcola con l'espressione seguente:

$$E_{aux,e} = W_{aux,e} \times t \times FC_e$$

dove:

$W_{aux,e}$ [kW] è la potenza elettrica complessiva dei terminali di emissione e può essere ricavata dai dati di progetto o forniti dal fabbricante. In assenza di tali dati è possibile utilizzare la tabella seguente:

Categoria di terminali	Tipologie	Potenza elettrica per terminale installato	
Terminali di erogazione per immissione di aria calda	Bocchette e diffusori in genere	Si considerano compresi nella distribuzione dell'aria	
Terminali di erogazione ad acqua con ventilatore a bordo (emissione prevalente per convezione forzata)	Ventilconvettori, convettori ventilati, apparecchi in genere con ventilatore ausiliario.	Portata d'aria [m³/h]	Potenza elettrica [kW]
		Fino a 200 m³/h	0,04
		Da 200 a 400 m³/h	0,05
		Da 400 a 600 m³/h	0,06
Generatori d'aria calda non canalizzati*	Generatori pensili – Generatori a basamento – Roof top	1500	0,09
		2500	0,17
		3000	0,25
		4000	0,35
		6000	0,7
		8000	0,9
* Nel caso di generatori canalizzati il fabbisogno di energia elettrica del ventilatore deve essere compreso nella distribuzione.			

Tabella 3.13 – Potenza elettrica dei terminali
[Fonte: UNI/TS 11300-2:2014, punto 8.1.2, prospetto 36]

t [h] è la durata del periodo di calcolo considerato;
FC_e è il fattore di carico dei terminali di emissione, pari a:

- 1 per unità sempre in funzione;
- $\dfrac{Q'_H/t}{\Phi_{em,des}}$ per funzionamento intermittente con controllo automatico, dove:

Q'_H [kWh] è il fabbisogno ideale netto di energia termica utile per riscaldamento che abbiamo visto nell'equazione (25), Paragrafo 3.4;

$\Phi_{em,des}$ [kW] è la potenza di progetto del terminale che abbiamo visto nell'equazione (24), Paragrafo 3.3.

Per calcolare il fabbisogno di energia elettrica degli ausiliari del sottosistema di distribuzione, distinguiamo due casi:

- le reti con fluido termovettore acqua, per le quali il fabbisogno per ogni ausiliare i si calcola con l'espressione seguente:

$$E_{aux,d} = \sum_i \left(W_{aux,d,i} \times F_{v,i}\right) \times t$$

dove:

$W_{aux,d,i}$ [kW] è la potenza elettrica dell'i-esimo ausiliario di distribuzione e può essere ricavata dai dati di progetto o forniti dal produttore. In assenza di tali dati è possibile ricorrere a stime basate su portate, prevalenze e rendimenti degli ausiliari. Nel caso di una pompa indichiamo la potenza elettrica con $W_{po,d}$ e la calcoliamo con l'espressione seguente:

$$W_{po,d} = \frac{\Phi_{idr}}{\eta_{po}}$$

dove:

Φ_{idr} [W] è la potenza idraulica richiesta, che si ricava dall'espressione seguente:

$$\Phi_{idr} = \rho_w \times V \times H_{idr}$$

dove:

ρ_w [kg/dm³] è la massa volumica dell'acqua pari a 1 kg/dm³;
V [dm³/h] è la portata di acqua;
H_{idr} [m] è la prevalenza richiesta.

η_{po} è il rendimento della pompa, che può essere calcolato in base alla tabella seguente:

Potenza idraulica [W]	Rendimento della pompa
$\Phi_{idr} \leq 50\ W$	$\Phi_{idr}^{0,50} \times 1/25,46$
$50\ W < \Phi_{idr} \leq 250\ W$	$\Phi_{idr}^{0,26} \times 1/10,52$
$250\ W < \Phi_{idr} \leq 1000\ W$	$\Phi_{idr}^{0,40} \times 1/26,23$
$\Phi_{idr} > 1000\ W$	0,60

Tabella 3.14 – Rendimenti delle pompe
[Fonte: UNI/TS 11300-2:2014, punto 8.1.4.1, prospetto 37]

$F_{v,i}$ è il fattore di riduzione del fabbisogno per tener conto delle condizioni di funzionamento ed pari a:
- 1 per unità sempre in funzione con portata costante;
- $\dfrac{Q_{hr}/t}{\Phi_{em,des}}$ per funzionamento intermittente a portata costante o continuo a portata variabile, dove:

Q_{hr} [kWh] è il fabbisogno effettivo di energia termica che deve essere immesso negli ambienti riscaldati dalla rete di distribuzione;

$\Phi_{em,des}$ [kW] è la potenza di progetto del terminale che abbiamo visto nell'equazione (25), Paragrafo 3.3.

t [h] è la durata del periodo di calcolo considerato.

Se il calcolo delle perdite di energia termica dei sottosistemi di distribuzione è effettuato con i metodi analitici indicati nel Paragrafo 3.6 allora possiamo considerare come recuperata l'85% dell'energia elettrica dissipata sotto forma di calore dagli ausiliari elettrici utilizzati nelle reti di distribuzione con fluido termovettore acqua, altrimenti le perdite recuperate sono pari a zero. Questa energia termica recuperata deve essere sottratta al fabbisogno richiesto alla generazione;

- le reti con fluido termovettore aria, nelle quali quest'ultimo può essere utilizzato per la climatizzazione, per la ventilazione o per entrambi gli scopi. Nel caso di impianti di climatizzazione invernale il fabbisogno di ogni ausiliare i si calcola con l'espressione seguente:

$$E_{aux,d} = \sum_i W_{ve,d,i} \times t$$

dove:
$W_{ve,d,i}$ [kW] è la potenza elettrica dell'i-esimo ventilatore e si calcola con la formula seguente:

$$W_{ve,d} = \frac{\Phi_{aer}}{\eta_{ve}}$$

dove:
Φ_{aer} [W] è la potenza aeraulica richiesta;
η_{ve} è il rendimento del ventilatore, ottenuto per le condizioni di impiego dalla curva caratteristica fornita dal produttore.

La potenza aeraulica si ricava dall'espressione seguente:

$$\Phi_{aer} = \frac{V \times H}{102}$$

dove:
V [m³/s] è la portata d'aria;
H [mm c.a.] è la pressione totale da ottenere[31].

In assenza dei dati del produttore è possibile misurare la potenza elettrica durante l'utilizzo, utilizzando la formula seguente:

$$W_{ve,d} = k \times V \times I \times \cos\Phi$$

dove:
k è pari a 1 nel caso di motori elettrici monofase e a 1,73 nel caso di motori elettrici trifase;
V [V] è la tensione di alimentazione;
I [A] è la corrente assorbita;

---

[31] "mm c.a." sta per millimetro di colonna d'acqua ed è un'unità di misura di pressione utilizzata in idraulica, definita come la pressione esercitata da una colonna verticale d'acqua dell'altezza di un millimetro su una superficie di 1 cm².

$cos\Phi$ è il fattore di potenza misurato in campo con un cosfimetro o un fasometro.

t [h] è la durata del periodo di calcolo considerato;

Il fabbisogno degli ausiliari per la ventilazione verrà analizzato nel Paragrafo 3.12. Nel caso di impianti utilizzati sia per la ventilazione sia per la climatizzazione bisogna considerare le ore in cui l'impianto lavora solo al fine di garantire il ricambio dell'aria e quelle in cui lavora per la climatizzazione.

Il fabbisogno di energia elettrica degli ausiliari del sottosistema di generazione si calcola con l'espressione seguente:

$$E_{aux,gn} = W_{aux,Px} \times t$$

dove:

$W_{aux,Px}$ [kW] è la potenza media effettiva degli ausiliari del generatore e si calcola per interpolazione lineare tra i valori delle potenze degli ausiliari a pieno carico ($W_{aux,Pn}$), a carico intermedio ($W_{aux,Pint}$) e a carico nullo ($W_{aux,Po}$) forniti dal produttore;

t [h] è il tempo di attivazione del generatore.

In assenza di valori forniti dal produttore, le potenze possono essere calcolate con le seguenti espressioni:

$$W_{aux,Pn} = G + H \times \Phi_{Pn}^n$$

$$W_{aux,Pint} = G + H \times \Phi_{Pint}^n$$

$$W_{aux,Po} = G + H \times \Phi_{Po}^n$$

dove Φ_{Pnom} indica la potenza termica utile nominale del generatore, espressa in kW, e G, H e n sono parametri ricavabili dalla Tabella 3.15.

Se ad esempio abbiamo un generatore standard atmosferico a gas, otteniamo facilmente le potenze a pieno carico, a carico intermedio e a carico nullo con i calcoli seguenti:

$$W_{aux,Pn} = 40 + 0{,}148 \times \Phi_{Pn}^1$$

$$W_{aux,Pint} = 40 + 0{,}148 \times \Phi_{Pint}^1$$

$$W_{aux,Po} = 15 + 0 \times \Phi_{Po}^0$$

Tipologia	Potenza	G	H	n
Generatori standard				
Generatori atmosferici a gas	Φ_{Pn}	40	0,148	1
	Φ_{Pint}	40	0,148	1
	Φ_{Po}	15	0	0
Generatori con bruciatore ad aria soffiata a combustibili liquidi e gassosi	Φ_{Pn}	0	45	0,48
	Φ_{Pint}	0	15	0,48
	Φ_{Po}	15	0	0
Generatori a bassa temperatura				
Generatori atmosferici a gas	Φ_{Pn}	40	0,148	1
	Φ_{Pint}	40	0,148	1
	Φ_{Po}	15	0	0
Generatori con bruciatore ad aria soffiata a combustibili liquidi e gassosi	Φ_{Pn}	0	45	0,48
	Φ_{Pint}	0	15	0,48
	Φ_{Po}	15	0	0
Generatori a condensazione a combustibili liquidi e gassosi	Φ_{Pn}	0	45	0,48
	Φ_{Pint}	0	15	0,48
	Φ_{Po}	15	0	0
La potenza elettrica dei generatori di calore comprende normalmente la potenza elettrica totale di tutti gli ausiliari montati a bordo del generatore. Sono ovviamente escluse eventuali pompe installate sul circuito primario di generazione esterne al generatore.				

Tabella 3.15 – Parametri per il calcolo della potenza degli ausiliari
[Fonte: UNI/TS 11300-2:2014, Appendice B, prospetto B.4]

3.11 Gli ausiliari elettrici dell'impianto di raffrescamento

Il fabbisogno di energia elettrica per gli ausiliari presenti nell'impianto di raffrescamento, che, per il mese k-esimo, indichiamo con $Q_{aux,k}$ ed esprimiamo in kWh, è dato dall'espressione seguente:

$$Q_{aux,k} = Q_{aux,e,k} + Q_{aux,d,k} + Q_{aux,gn,k}$$

dove, per il mese k-esimo:
$Q_{aux,e,k}$ [kWh] è il fabbisogno di energia elettrica degli ausiliari del sottosistema di emissione;

$Q_{aux,d,k}$ [kWh] è il fabbisogno di energia elettrica degli ausiliari del sottosistema di distribuzione;

$Q_{aux,gn,k}$ [kWh] è il fabbisogno di energia elettrica degli ausiliari del sottosistema di generazione.

Se i terminali di emissioni sono dotati di ventilatore, il fabbisogno di energia elettrica si calcola, per ogni mese, nei modi seguenti:

- terminali con ventilatore sempre in funzione:

$$Q_{aux,e,k} = \Phi_{\sum vn} \times h_k$$

$\Phi_{\sum vn}$ [kW] è la potenza nominale della somma dei ventilatori;
h_k [h] è il numero di ore di funzionamento considerato.

- terminali con arresto automatico del ventilatore al raggiungimento della temperatura prefissata:

$$Q_{aux,e,k} = \frac{(\theta_e - \theta_{int,set})}{\theta_{des} - \theta_{int,set}} \times \Phi_{\sum vn} \times h_k$$

dove, oltre ai simboli già definiti:
$\theta_{e,k}$ [°C] è la temperatura esterna media del mese considerato;
$\theta_{int,set}$ [°C] è la temperatura interna di set-point;
θ_{des} [°C] il valore medio mensile della temperatura media giornaliera dell'aria esterna definito nella norma UNI 10349-1.

Se non conosciamo le potenze nominali dei ventilatori possiamo far riferimento alla Tabella 3.16.

Il fabbisogno di energia elettrica degli ausiliari del sottosistema di distribuzione si calcola, per il mese k-esimo, con l'espressione seguente:

$$Q_{aux,d,k} = Q_{aux,PO,k} + Q_{aux,vn,k}$$

dove:
$Q_{aux,PO,k}$ [kWh] sono i fabbisogni elettrici di pompe a servizio di tubazioni

d'acqua per il mese k-esimo considerato. Se non sono presenti reti di distribuzione d'acqua questo termine è pari a zero, altrimenti il calcolo è lo stesso visto nel caso del riscaldamento;

$Q_{aux,vn,k}$ [kWh] sono i fabbisogni elettrici di ventilatori a servizio di reti di distribuzione d'aria per il mese k-esimo considerato, che si calcolano con l'espressione seguente:

$$Q_{aux,vn,k} = F_k \times \Phi_{\sum vn} \times h_k$$

dove:

F_k [%] è il fattore medio di carico della macchina frigorifera per il mese k-esimo considerato. Si calcola come rapporto tra il fabbisogno di energia termica effettivamente coperto dalla macchina nel mese k-esimo considerato e l'energia massima che può essere fornita dalla stessa in un funzionamento permanentemente a piena potenza nello stesso intervallo di tempo;

$\Phi_{\sum vn}$ [kW] è la potenza nominale della somma dei ventilatori, ottenuta da dati di progetto o con rilievi o misure in campo;

h_k [h] è il numero di ore del mese k-esimo considerato.

Il fabbisogno di energia elettrica degli ausiliari del sottosistema di produzione si calcola, per il mese k-esimo, con l'espressione seguente:

$$Q_{aux,gn,k} = F_k \times \Phi_{\sum aux,gn,n} \times h_k$$

dove:

F_k [%] è il fattore medio di carico della macchina frigorifera per il mese k-esimo considerato. Si calcola come rapporto tra il fabbisogno di energia termica effettivamente coperto dalla macchina nel mese k-esimo considerato e l'energia massima che può essere fornita dalla stessa in un funzionamento permanentemente a piena potenza nello stesso intervallo di tempo;

$\Phi_{\sum aux,gn,n}$ [kW] è la potenza nominale della somma degli ausiliari esterni (elettroventilatore o pompa di circolazione, a seconda del tipo di condensatore utilizzato) ottenuta da dati di progetto o con rilievi o misure in campo;

h_k [h] è il numero di ore del mese k-esimo considerato.

Se le potenze degli ausiliari non sono note è possibile ricavare i valori dalla Tabella 3.17.

Categorie di terminali	Tipologie	Potenza elettrica (W)	
Terminali privi di ventilatore	Pannelli isolati dalle strutture ed annegati nelle strutture	Nulla	
Terminali per immissione di aria	Bocchette e diffusori in genere	Nulla	
Terminali ad acqua o ad espansione diretta con ventilatore a bordo	Ventilconvettori, apparecchi in genere con ventilatore ausiliario	Portata d'aria (m^3/h)	Potenza elettrica (W)
		≤ 200	40
		200 - 400	50
		400 - 600	60
Unità canalizzabili	Unità pensili o a basamento - Roof top	1500	180
		2500	340
		3000	500
		4000	700
		6000	1400
		8000	1800

Tabella 3.16 – Potenze nominali dei ventilatori
[Fonte: UNI/TS 11300-3:2010, punto 5.4.2, prospetto 8]

Tipo di componente	Potenza elettrica specifica [W/kW]	
	Elettroventilatori	Elettropompe
Condensatori raffreddati ad aria*: - con ventilatori elicoidali non canalizzati - con ventilatori centrifughi canalizzati	20 – 40 40 - 60	-
Condensatori raffreddati ad acqua	-	Dati variabili in relazione alle condizioni al contorno (dislivelli di quota, modalità di presa, filtraggio, ecc.)
Condensatori evaporativi*	15 - 16	3,5 - 4
Torri di raffreddamento a circuito aperto**	12-14	
Torri di raffreddamento a circuito chiuso**	10 - 12	1,3 – 1,5
* Valori indicativi con differenza di temperatura tra condensazione ed aria in ingresso pari a 15 K e sottoraffreddamento del liquido di 8-9 K. ** Dati riferiti al campo di potenze 50-600 kW. Viene fornito un dato complessivo medio orientativo data l'influenza della pressione degli ugelli e della differenza di quota tra rampa ugelli e bacino di raccolta acqua. I dati sono riferiti a: - temperatura dell'acqua in ingresso 34 °C; - temperatura dell'acqua in uscita 29 °C; - temperatura di bulbo umido dell'aria 24 °C.		

Tabella 3.17 – Potenze degli ausiliari
[Fonte: UNI/TS 11300-3:2010, punto 5.4.4, prospetto 9]

3.12 Gli ausiliari elettrici dell'impianto di ventilazione

Il fabbisogno di energia elettrica per la ventilazione meccanica, che indichiamo con $E_{ve,el}$ ed esprimiamo in kWh, si calcola, per ogni zona termica, con l'espressione seguente, considerando l'energia consumata soltanto per la movimentazione dell'aria:

$$E_{ve,el} = W_{ve,el.adj,k} \times FC_{ve,adj} \times t$$

dove:

$W_{ve,el.adj,k}$ [kW] è la potenza elettrica del k-esimo ventilatore di immissione al servizio nella zona termica considerata, cioè quella corrispondente alla portata d'aria necessaria, che indichiamo con q'_{ve} ed esprimiamo in m³/h, nella quale consideriamo le perdite di massa delle condotte, come indicato nell'espressione seguente:

$$q'_{ve} = q_{ve,f} + S \times q_{ex,pm}$$

dove:
$q_{ve,f}$ [m³/h] è la portata d'aria nominale, calcolata come indicato nel Paragrafo 2.8;
S [m²] è la superficie interna del condotto;
$q_{ex,pm}$ [m³/h m²] è il valore della portata di massa di esfiltrazione[32] del condotta che ricaviamo dalle tabelle seguenti:

Perdite d'aria per condotte metalliche rettangolari o circolari		
Classe di tenuta della condotta	$q_{ex,pm}$	Tipo di valutazione
A	$(0,027 \times P^{0,65}) \times 10^{-3}$	A1 e A2 in mancanza di altri riferimenti
B	$(0,009 \times P^{0,65}) \times 10^{-3}$	Se specificato nel progetto o se misurata
C	$(0,003 \times P^{0,65}) \times 10^{-3}$	Se specificato nel progetto o se misurata
D	$(0,001 \times P^{0,65}) \times 10^{-3}$	Se specificato nel progetto o se misurata

Tabella 3.18 – Perdite d'aria per condotte metalliche rettangolari o circolari
[Fonte: UNI/TS 11300-2:2014, Appendice C, prospetti C.1 e C.2]

---

[32] Esfitrazione è sinonimo di "perdita", in questo caso si riferisce alla perdita d'aria dalla condotta.

Perdite d'aria per condotte non metalliche in materiale preisolato		
Classe di tenuta della condotta	$q_{ex,pm}$	Tipo di valutazione
A	$(0{,}027 \times P^{0{,}65}) \times 10^{-3}$	A1 e A2 in mancanza di altri riferimenti
B	$(0{,}009 \times P^{0{,}65}) \times 10^{-3}$	Se specificato nel progetto o se misurata
C	$(0{,}001 \times P^{0{,}65}) \times 10^{-3}$	Se specificato nel progetto o se misurata

Tabella 3.19 – Perdite d'aria per condotte non metalliche in materiale preisolato
[Fonte: UNI/TS 11300-2:2014, Appendice C, prospetto C.3]

In mancanza di informazioni o dati sulla pressione totale si utilizzano i valori della tabella seguente, con la formula indicata per la classe di tenuta A:

Classificazione della rete aeraulica in funzione della pressione totale		
Classificazione	Pressioni indicative [Pa]	Note
Bassa pressione	300	A1 e A2 in mancanza di altri riferimenti
Media pressione	1200	Nel caso in cui vi siano sistemi di filtrazione finale o batterie post-riscaldamento

Tabella 3.20 – Classificazione della rete aeraulica in funzione della pressione totale
[Fonte: UNI/TS 11300-2:2014, Appendice C, prospetto C.4]

Nel caso di valutazioni sul progetto, la potenza elettrica dei ventilatori si assume pari al valore nel punto di funzionamento di progetto. Se tale dato non è disponibile, la potenza degli elettroventilatori si determina misurando la potenza assorbita a pieno carico oppure utilizzando la curva caratteristica del ventilatore, se presente, tenendo sempre conto delle perdite di massa delle condotte.

$FC_{ve,adj}$ è il fattore di carico della ventilazione meccanica, pari a:

$$FC_{ve,adj} = FC_{ve,k} \times \beta_k$$

dove:

$FC_{ve,k}$ è il fattore di efficienza di regolazione dell'impianto di ventilazione della zona considerata, calcolato come indicato nella Tabella 2.11, Paragrafo 2.8;

β_k [h] è la frazione dell'intervallo temporale di calcolo con ventilazione meccanica funzionante per il flusso d'aria k-esimo. Per valutazioni di progetto e standard è desumibile dalla Tabella 2.9, Paragrafo 2.8.

t [h] è l'intervallo di tempo di calcolo.

Sono esclusi dal calcolo i fabbisogni relativi ad altri sottosistemi, come ad esempio le bocchette motorizzate.

3.13 Gli ausiliari elettrici del sottosistema di distribuzione di acqua calda sanitaria

Il fabbisogno di energia elettrica necessario per la distribuzione di acqua calda sanitaria, che indichiamo con $E_{aux,acs,d}$ ed esprimiamo in kWh, si calcola con l'equazione seguente:

$$E_{aux,acs,d} = \sum_i W_{aux,acs,d,i} \times t_{on,i}$$

dove:

$W_{aux,acs,d,i}$ [kW] è la potenza elettrica dell'i-esima pompa di distribuzione dell'acqua calda sanitaria e può essere ricavata dai dati di progetto o forniti dal produttore. In assenza di tali dati è possibile ricorrere a stime basate su portate, prevalenze e rendimenti degli ausiliari, come indicato nel Paragrafo 3.10 per gli ausiliari elettrici del sottosistema di distribuzione dell'impianto di riscaldamento;

$t_{on,i}$ è il tempo di attivazione della pompa i-esima, calcolato come segue:

- Per le pompe di circolazione del sottosistema di accumulo $t_{on,i} = FC_{sc} \times t$, dove:

$$FC_{sc} = \frac{(Q_{W,d,out}/t)}{\Phi_{sc}}$$

$Q_{W,d,out}$ [kWh] è il fabbisogno in uscita dal circuito, nell'intervallo di calcolo;
Φ_{sc} [kW] è la potenza termica dello scambiatore;
t [h] è il tempo dell'intervallo considerato (mese).

- Per le pompe di ricircolo si considera $t_{on,i} = 0{,}5t$ in presenza di dispositivi a tempo e $t_{on,i} = 0{,}8t$ in presenza di dispositivi basati sulla lettura delle temperature. In assenza di questi dispositivi non si considera alcun fattore di riduzione in quanto l'attivazione delle pompe è continua durante l'intervallo di calcolo, pertanto $t_{on,i} = t$.

Le reti di ricircolo sono indispensabili nei grandi impianti, dove l'acqua calda tende ad arrivare con molto ritardo alle utenze a causa dell'elevata distanza tra il generatore e i punti di erogazione. In base alla norma UNI 9182:2014 il ricircolo deve consentire l'erogazione dell'acqua calda alla temperatura di progetto entro 30 secondi ma non deve essere previsto nei casi elencati qui di seguito:

- se i consumi di acqua calda sono continui o con prevalenza di consumo continuo e interruzioni non maggiori di 15 minuti;
- nel caso di impianti autonomi per uso residenziale o similare (per esempio uffici, studi, negozi, ecc.) con produzione istantanea mediante apparecchi con potenza termica complessiva minori di 35 kW, in assenza di serbatoio di accumulo;
- nel caso di impianti autonomi per uso residenziale o similare (per esempio uffici, studi, negozi, ecc.) con serbatoio di accumulo minore o uguale a 100 litri o comunque con serbatoi di accumulo dotati di sistema integrato di mantenimento della temperatura di progetto nel serbatoio stesso (per esempio resistenza elettrica);
- nel tratto di distribuzione al piano di un impianto centralizzato con ricircolo, qualora il volume complessivo di contenuto di acqua calda nelle tubazioni, dal punto di distacco dalla linea in cui e attivo il ricircolo sino ad ogni punta di prelievo, non sia maggiore di 3 litri (+10%).

Le reti di ricircolo rappresentano uno spreco di energia soprattutto se sono attive ininterrottamente giorno e notte, perché l'acqua circola continuamente e deve essere mantenuta a una temperatura prefissata. Proprio per questo, oltre al consumo di energia elettrica per le pompe bisogna considerare l'energia primaria supplementare necessaria al generatore per sopperire alle perdite di accumulo e di distribuzione. Per garantire il massimo risparmio energetico è bene utilizzare tubazioni ben isolate e pompe dotate di termostati e orologi incorporati. L'energia termica delle pompe di circolazione per acqua calda sanitaria non è recuperabile.

Per il sottosistema di erogazione dell'acqua calda sanitaria non si considerano ausiliari elettrici.

3.14 Il fabbisogno di energia elettrica per l'illuminazione

La norma UNI EN 15193:2008 ha definito un indicatore numerico dei requisiti energetici per l'illuminazione (LENI – Light Energy Numeric Indicator), che esprimiamo in kWh/m^{2}anno e calcoliamo con la formula seguente:

$$LENI = W/A$$

dove:
W   [kWh/anno] è l'energia totale annuale necessaria per l'illuminazione della zona considerata;
A   [m^2] è la superficie utile della zona considerata.

L'energia totale annuale necessaria per l'illuminazione è data da $W_L + W_P$. W_L è l'energia luminosa consumata in un anno (compresi gli alimentatori) ed è pari a:

$$W_L = \frac{P_N \times F_C \times F_O \times (t_D \times F_D + t_N)}{1000}$$

dove:
P_N [W] è la potenza elettrica complessivamente installata per l'illuminazione dell'edificio, compresi gli alimentatori, che può essere ricavata dal calcolo illuminotecnico con il metodo definito nel punto 6.2.2 della norma UNI EN 15193:2008;
F_C è il coefficiente di correzione per valutare l'effetto della presenza di eventuali sistemi di controllo per mantenere livelli di illuminamento costanti nel tempo. È pari a 0,9 in presenza di sistemi di controllo e 1 in assenza;
F_O è il coefficiente di correzione per valutare l'effetto della presenza di persone all'interno della zona in esame. È pari a 1 se l'illuminazione è attivata centralmente (per esempio con un unico interruttore manuale o un

temporizzatore per un intero edificio, per un intero piano o per tutti i corridoi) oppure se l'area illuminata da un gruppo di apparecchi, che sono attivati insieme, è maggiore di 30m². In tutti gli altri casi F_O dipende dal fattore di assenza F_A, che si ricava dalla Tabella 3.22, e distinguiamo tre casi:

- se $0,0 \leq F_A < 0,2$: $F_O = 1 - \frac{(1-F_{OC}) \times F_A}{0,2}$

- se $0,2 \leq F_A < 0,9$: $F_O = F_{OC} + 0,2 - F_A$

- se $0,9 \leq F_A \leq 1,0$: $F_O = [7 - (10 \times F_{OC})] \times (F_A - 1)$

dove F_{OC} è il fattore di occupazione che si ricava dalla tabella seguente:

Sistemi senza rilevamento automatico di presenza o assenza	F_{OC}
Accensione e spegnimento manuale	1,00
Accensione e spegnimento manuale + ulteriore segnale di spegnimento generale automatico	0,95
Sistemi senza rilevamento automatico di presenza o assenza	F_{OC}
Accensione automatica/regolazione automatica	0,95
Accensione e spegnimento automatico	0,90
Accensione manuale, regolazione e spegnimento automatico	0,90
Accensione manuale e spegnimento automatico	0,80

Tabella 3.21 – Fattori di occupazione
[Fonte: UNI EN 15193:2008, Appendice D, prospetto D.1]

Oltre ai casi elencati finora, esistono alcune eccezioni:

- F_O è sempre pari a 1 se l'area coperta dal rilevatore di presenza e/o assenza non corrisponde strettamente all'area illuminata dagli apparecchi di illuminazione controllati da quel rilevatore;
- F_O è sempre pari a 1 se l'area illuminata da un apparecchio di illuminazione o da un gruppo di apparecchi che sono attivati insieme, è minore di 30m² e gli apparecchi non sono tutti nello stesso locale;
- F_O dipende dal fattore di assenza F_A nelle sale riunioni, indipendentemente dalla superficie, ma solo se queste sono attivate separatamente da altri apparecchi di illuminazioni in altre sale, altrimenti è pari a 1;
- F_O è sempre pari a 1 per i sistemi di rilevamento automatico di presenza o assenza che non rispettano le condizioni seguenti:

- "Accensione automatica/regolazione automatica": il sistema di comando attiva automaticamente uno o più apparecchi di illuminazione ogniqualvolta rileva una presenza nell'area illuminata, e li attiva automaticamente in uno stato a potenza ridotta (non più del 20% del normale stato attivo) non più di 15 minuti dopo l'ultima presenza rilevata nell'area illuminata. Inoltre, non più tardi di 15 minuti dopo il rilevamento dell'ultima presenza nel locale nel suo insieme, gli apparecchi di illuminazione sono automaticamente e completamente disattivati;
- "Accensione e spegnimento automatico": il sistema di comando attiva automaticamente uno o più apparecchi di illuminazione ogniqualvolta rileva una presenza nell'area illuminata e li disattiva automaticamente non più di 15 minuti dopo l'ultima presenza rilevata nell'area illuminata;
- "Accensione manuale, regolazione e spegnimento automatico": uno o più apparecchi di illuminazione possono essere attivati solo per mezzo di un interruttore manuale nell'area illuminata (o molto vicino ad essa) dagli apparecchi di illuminazione e, se non disattivati manualmente, sono attivati automaticamente in uno stato a potenza ridotta (non più del 20% del normale stato attivo) dal sistema di controllo automatico non più di 15 minuti dopo l'ultima presenza rilevata nell'area illuminata. Inoltre, non più tardi di 15 minuti dopo il rilevamento dell'ultima presenza nel locale nel suo insieme, gli apparecchi di illuminazione sono automaticamente e completamente disattivati;
- "Accensione manuale e spegnimento automatico": uno o più apparecchi di illuminazione possono essere attivati solo per mezzo di un interruttore manuale nell'area illuminata (o molto vicino ad essa) dagli apparecchi di illuminazione e, se non disattivati manualmente, sono disattivati automaticamente e interamente da parte del sistema di controllo automatico non più di 15 minuti dopo l'ultima presenza rilevata nell'area illuminata.

F_A può essere determinato per un edificio o per singoli locali, in base alla tabella seguente:

Calcolo complessivo per l'edificio		Calcolo per singolo locale	
Tipo di edificio	F_A	Tipo di locale	F_A
Uffici	0,20	Ufficio a cubicoli 1 persona	0,4
		Ufficio a cubicoli 2-6 persone	0,3
		Ufficio open space >6persone/30m^2	0
		Ufficio open space >6persone/10m^2	0,2
		Corridoio (regolato)	0,4
		Ingresso	0
		Esposizione	0,6
		Bagno	0,9
		Disimpegno	0,5
		Magazzino/guardaroba	0,9
		Locale tecnico	0,98
		Locale fotocopie/serve	0,5
		Locale conferenze	0,5
		Archivi	0,98
Edifici scolastici	0,20	Aula	0,25
		Locale per attività di gruppo	0,3
		Corridoio (regolato)	0,6
		Locale comune junior	0,5
		Locale di lettura	0,4
		Locale personale	0,4
		Palestra	0,3
		Mensa	0,2
		Locale comune personale insegnante	0,4
		Locale fotocopie/magazzino	0,4
		Cucina	0,2
		Biblioteca	0,4
Ospedali	0	Corsia/letto	0
		Esami/trattamento	0,4
		Pre-operazione	0,4
		Corsia recupero	0
		Camera operatoria	0
		Corridoi	0
		Canalina/condotto (regolato)	0,7
		Sala d'attesa	0
		Ingresso	0
		Locale giorno	0,2
		Laboratorio	0,2
Impianti di produzione	0	Locale assemblee	0
		Piccolo locale assembleare	0,2
		Magazzino	0,4
		Magazzino aperto	0,2
		Locale verniciatura	0,2
Hotel e ristoranti	0	Ingresso	0
		Corridoio (regolato)	0,4
		Camera hotel	0,6
		Locale ristorante/caffetteria	0
		Cucina	0
		Locale conferenze	0,4

		Cucina/magazzino	0,5
Servizi per la vendita all'ingrosso e al dettaglio	0	Area vendita	0
		Deposito	0,2
		Deposito, refrigerato	0,6
Altre aree (solo calcolo per locale)		Aree di attesa	0
		Scalinate (regolate)	0,2
		Palcoscenico e auditorium	0
		Locale congresi/espositiva	0,5
		Museo	0
		Biblioteca/area di lettura	0
		Biblioteca/archivio	0,9
		Palestra	0,3
		Ufficio parcheggio – Privato	0,95
		Parcheggio - Pubblico	0,8

Tabella 3.22 – Fattori di assenza
[Fonte: UNI EN 15193:2008, Appendice D, prospetto D.2]

t_D [h] è il tempo di accensione del sistema di illuminazione durante le ore diurne, nel periodo di calcolo considerato, e si ricava dalla Tabella 3.23;

F_D è il coefficiente di correzione per valutare il contributo dell'illuminazione naturale nella zona in esame. Nelle zone senza disponibilità di luce diurna è pari a 1, altrimenti è determinato secondo la norma UNI EN 15193;

t_N [h] è il tempo di accensione del sistema di illuminazione durante le ore serali e notturne, nel periodo di calcolo considerato, e si ricava dalla Tabella 3.23.

Tipologia di edificio	t_D [h]	t_N [h]
E.1(3) – Edifici adibiti ad albergo, pensioni e attività similari	3000	2000
E.2 – Edifici adibiti ad uffici e assimilabili	2250	250
E.3 – Edifici adibiti ad ospedali, cliniche, case di cura e assimilabili	3000	2000
E.4(1) – Cinema e teatri, sale di riunioni per congressi	1250	1250
E.4(2) – Luoghi di culto, mostre, musei e biblioteche	1250	250
E.4(3) – Bar, ristoranti, sale da ballo	1250	1250
E.5 – Edifici adibiti ad attività commerciali assimilabili	3000	2000
E.6(1) – Piscine, saune e assimilabili E.6(2) – Palestre e assimilabili E.6(3) – Servizi a supporto alle attività sportive	2000	2000
E.7 – Edifici adibiti ad attività scolastiche di tutti i livelli e assimilabili	1800	200
E.8 – Edifici adibiti ad attività industriali ed artigianali e assimilabili	2500	1500

Tabella 3.23 – Tempi di operatività dell'illuminazione artificiale
[Fonte: UNI/TS 11300-2:2014, Appendice D, prospetto D.1]

W_P è l'energia parassita annuale necessaria per fornire energia di ricarica per i sistemi di illuminazione di emergenza e di energia in standby per sistemi di controllo dell'illuminazione, se presenti. Per le valutazioni di calcolo sul progetto o standard può essere stimata in 1 kWh/m²anno per i sistemi di illuminazione di emergenza e in 5 kWh/m²anno per sistemi di controllo.

Per le valutazioni di calcolo sul progetto o standard non è necessario considerare il fabbisogno di energia elettrica per l'illuminazione delle zone esterne.

3.15 Calcolo dei fabbisogni di energia primaria nel caso di presenza di impianti comuni a più unità immobiliari

Negli edifici dove sono presenti impianti comuni a più unità immobiliari, i fabbisogni annuali di energia primaria per singolo servizio si suddividono fra le unità immobiliari sulla base di criteri diversi a seconda del servizio considerato, come indicato di seguito:

- Climatizzazione invernale ed estiva: in proporzione al fabbisogno di energia termica per riscaldamento o raffrescamento attribuibile alle singole unità immobiliari, tenendo conto di tutte le perdite e di eventuali recuperi;
- Acqua calda sanitaria: in proporzione al fabbisogno di energia termica per acqua sanitaria attribuibile alle singole unità immobiliari, tenendo conto di tutte le perdite e di eventuali recuperi;
- Ventilazione: in proporzione alla portata d'aria effettiva di ciascuna unità immobiliare;
- Illuminazione: in proporzione alla superficie utile di ciascuna unità immobiliare;
- Trasporto di persone o cose: per metà in proporzione al valore millesimale di proprietà delle singole unità immobiliari e per metà in misura proporzionale all'altezza di ciascuna unità immobiliare dal suolo.

3.16 Il fabbisogno di energia elettrica degli ascensori, dei montacarichi e dei montauto

Il fabbisogno di energia elettrica di un singolo ascensore, montacarichi o montauto si esprime in kWh e si calcola con l'equazione seguente:

$$E_A = d \times \left[\left(10^{-6} \times \frac{E_{A,cm}}{2} \times c_d \right) + E_{A,app,d} + E_{A,ill,d} + E_{altri,d} \right]$$

dove:

d è il numero di giorni di utilizzo del mese considerato;

$E_{A,cm}$ [mWh] è il fabbisogno energetico di un ascensore, montacarichi o montauto per un ciclo con corsa media, che si calcola con l'equazione seguente:

$$E_{A,cm} = [Z(1 - Z_\%) + P(\gamma - k)] \times (Crs - Crd) \times h_m \times 9{,}81 \times \frac{1000}{(\chi \times 3600)}$$

dove:

Z [kg] è la massa del supporto del carico, che comprende cabina, arcata[33] ed elementi accessori e si calcola come segue:
- per gli impianti idraulici ed elettrici ad argano agganciato può essere posta pari a P;
- per gli impianti elettrici a fune con contrappeso è irrilevante in quanto compensata dal contrappeso stesso. In tal caso infatti l'intero termine $Z(1 - Z_\%)$ è pari a zero perché $Z_\%$ è pari a 1.

$Z_\%$ è la frazione bilanciata della massa del supporto del carico, espressa come valore numerico compreso tra 0 e 1, che si ricava dalla Tabella 3.25;

P [kg] è la portata dell'impianto;

γ è il carico medio sul supporto del carico, che per gli ascensori è pari a:
- 0,12 per P ≤ 400 kg;
- 0,08 per 400 < P ≤ 800 kg;
- 0,06 per P > 800 kg.

Per i montacarichi e i montauto è pari a 0,25;

k è il coefficiente di bilanciamento di portata dell'impianto. Se non è noto dal progetto deve essere ricavato dalla Tabella 3.25;

Crs è il coefficiente di recupero energetico in salita, che si ricava dalla Tabella 3.25;

Crd è il coefficiente di recupero energetico in discesa, che si ricava dalla Tabella 3.25;

h_m [m] è la corsa media (o dislivello medio) che si ottiene moltiplicando la corsa dell'ascensore, montacarichi o montauto, per una percentuale che si ricava dalla Tabella 3.24;

---

[33] L'arcata è la struttura metallica entro cui è collocata la cabina e scorre su apposite guide con l'ausilio di pattini.

χ è l'efficienza globale di sistema nella fase di movimento, che si ricava dalla Tabella 3.25.

c_d [h] è il numero medio di corse giornaliere, che per gli ascensori si ricava dalla Tabella 3.31. Per i montacarichi e i montauto questo valore deve essere fornito dal progettista dell'edificio e deve tener conto delle esigenze di movimentazione dei carichi;

$E_{A,app,d}$ [kWh] è il fabbisogno energetico giornaliero delle apparecchiature di comando e segnalazione, esclusa la fase di movimento della cabina, ed è pari a:
- 0,8 kWh per quadro di comando a relè e relative segnalazioni;
- 1,2 kWh per quadro di comando con microprocessore e relative segnalazioni.

Nel caso sia presente un inverter bisogna aggiungere:
- 1 kWh per impianti fino a 480 kg e per velocità fino a 1 m/s;
- 1,5 kWh per impianti fino a 480 kg e per velocità oltre 1 m/s (fino a 1,6 m/s), e per impianti oltre 480 kg (fino a 1000kg) e per velocità fino a 1,6 m/s;
- 2 kWh per impianti oltre i 1000 kg.

$E_{A,ill,d}$ [kWh] è il fabbisogno energetico giornaliero dell'illuminazione della cabina, esclusi i consumi nella fase di movimento, ed è pari a:
- 4 kWh per illuminazione con lampade a incandescenza tradizionali;
- 2 kWh per illuminazione con lampade fluorescenti tradizionali o lampade alogene;
- 1,5 kWh per illuminazione con lampade fluorescenti ad alta efficienza;
- 0,7 kWh per illuminazione a led.

Per illuminazione con lampade fluorescenti ad alta efficienza, alogene o a led che hanno un meccanismo di spegnimento automatico nelle fasi di sosta, i valori devono essere moltiplicati per 0,1;

$E_{altri,d}$ [kWh] è il fabbisogno energetico giornaliero dei servizi accessori, determinato in base alla documentazione fornita dal produttore.

Se sono presenti più ascensori al servizio delle stesse utenze, per ognuno di essi bisogna dividere il numero medio di corse giornaliere (c_d) per il numero di ascensori presenti. Nel caso ci siano più ascensori con uguali caratteristiche e in manovra collettiva, si deve ridurre $E_{A,cm}$ del 15%, se invece non è presente la manovra collettiva si deve aumentare $E_{A,cm}$ del 15%. La manovra collettiva permette la prenotazione delle chiamate e la loro registrazione anche quando gli ascensori non sono liberi. La chiamata è unica per un gruppo di ascensori ed è gestita dal sistema di controllo al fine di diminuire l'attesa da parte dell'utente e risparmiare energia.

Categoria d'uso*	Da 1A a 4A	5A	Da 6A a 7A
Numero fermate	Corsa media		
2	100%		
3	67%		
>3	49%	44%	39%
*Le categorie d'uso sono descritte nella Tabella 3.31.			

Tabella 3.24 – Corsa media di un ascensore, montacarichi o montauto in percentuale rispetto alla corsa massima
[Fonte: UNI/TS 11300-6:2016, punto 6.2.2.2, prospetto 7]

	$Z_\%$	k	Crs	Crd	χ
Impianto elettrico a fune con contrappeso	1	0,45	0	1	- con argano senza inverter e velocità fino a 1 m/s: 0,50 - con argano con inverter e velocità fino a 1 m/s: 0,65 - gearless con inverter e velocità fino a 1 m/s: 0,70 - gearless con inverter e velocità oltre 1 m/s: 0,80
Impianto elettrico a fune ad argano agganciato	- con massa di bilanciamento: 0,30 - senza massa di bilanciamento: 0	0	1	0	0,45
Impianti idraulici					0,45

Tabella 3.25 – Parametri per ascensori, montacarichi e montauto
[Fonte: UNI/TS 11300-6:2016, punto 6.2.2.2, prospetto 8]

3.17 Il fabbisogno di energia elettrica dei montascale e delle piattaforme elevatrici

Il fabbisogno di energia elettrica di un singolo montascale o di una piattaforma elevatrice si esprime in kWh e si calcola con l'equazione seguente:

$$E_H = d \times \left[\left(10^{-6} \times \frac{E_{H,cm}}{2} \times c_d \right) + E_{H,app,d} + E_{H,ill,d} + E_{altri,d} \right]$$

dove:
d è il numero di giorni di utilizzo del mese considerato;

$E_{H,cm}$ [mWh] è il fabbisogno energetico di un montascale o di una piattaforma elevatrice per un ciclo con corsa media, che si calcola con l'equazione seguente:

$$E_{H,cm} = [Z(1 - Z_\%) + P(0,15 - k)] \times (Crs - Crd) \times h_m \times 9,81 \times \frac{1000}{(\chi \times 3600)}$$

dove:

- Z [kg] è la massa del supporto del carico, che comprende cabina, arcata ed elementi accessori e si calcola come segue:
  - per gli impianti idraulici ed elettrici ad argano agganciato può essere posta pari a P;
  - per gli impianti elettrici a fune con contrappeso è irrilevante in quanto compensata dal contrappeso stesso. In tal caso infatti l'intero termine $Z(1 - Z_\%)$ è pari a zero perché $Z_\%$ è pari a 1;
- $Z_\%$ è la frazione bilanciata della massa del supporto del carico, espressa come valore numerico compreso tra 0 e 1, che si ricava dalla Tabella 3.27;
- P [kg] è la portata dell'impianto;
- k è il coefficiente di bilanciamento di portata dell'impianto. Se non è noto dal progetto deve essere ricavato dalla Tabella 3.27;
- Crs è il coefficiente di recupero energetico in salita, che si ricava dalla Tabella 3.27;
- Crd è il coefficiente di recupero energetico in discesa, che si ricava dalla Tabella 3.27;
- h_m [m] è la corsa media (o dislivello medio) ed è pari alla corsa del montascale o della piattaforma elevatrice nel caso di due fermate e al 67% della stessa per più di due;
- χ è l'efficienza globale di sistema nella fase di movimento, che si ricava dalla Tabella 3.27.

- c_d [h] è il numero medio di corse giornaliere, che per i montascale e le piattaforme elevatrici si ricava dalla Tabella 3.26;
- $E_{H,app,d}$ [kWh] è il fabbisogno energetico giornaliero delle apparecchiature di comando e segnalazione, esclusa la fase di movimento della cabina, ed è pari a:
  - 0,8 kWh per quadro di comando a relè e relative segnalazioni;

- 1,2 kWh per quadro di comando con microprocessore e relative segnalazioni.

Nel caso sia presente un inverter bisogna aggiungere 1,2 kWh;

$E_{H,ill,d}$ [kWh] è il fabbisogno energetico giornaliero dell'illuminazione eventualmente presente nel supporto del carico o della cabina, considerando un funzionamento continuo (24 ore al giorno) ed esclusi i consumi nella fase di movimento, ed è pari a:
- 1 kWh per illuminazione con lampade fluorescenti tradizionali o lampade alogene;
- 0,8 kWh per illuminazione con lampade fluorescenti ad alta efficienza;
- 0,5 kWh per illuminazione a led.

Se sono installate lampade fluorescenti ad alta efficienza, alogene o a led, e se è presente un dispositivo che permette lo spegnimento durante le fasi di sosta, il fabbisogno energetico di illuminazione si annulla;

$E_{altri,d}$ [kWh] è il fabbisogno energetico giornaliero dei servizi accessori, determinato in base alla documentazione fornita dal produttore.

Categoria d'uso	1H	2H	3H	4H
Tipologia e uso dell'edificio	Edificio monofamiliare o servizio di accessibilità pubblica in negozi o enti pubblici	Edificio plurifamiliare o servizio di accessibilità pubblica in uffici o centri commerciali, stazioni e aeroporti	Casa di riposo per anziani e/o accessibilità pubblica in uffici e aziende sanitarie	Casa di riposo per anziani e/o accessibilità pubblica in uffici e aziende sanitarie specifiche per disabili
Frequenza d'uso	Molto bassa	Bassa	Medio-bassa	Media
Numero medio di corse giornaliere (c_d)	5	8	15	20
Velocità massima ammessa	0,15 m/s			

Tabella 3.26 – Corsa media di un ascensore, montacarichi o montauto in percentuale rispetto alla corsa massima
[Fonte: UNI/TS 11300-6:2016, punto 7.1.2, prospetto 9]

	$Z_\%$	k	Crs	Crd	χ
Impianto elettrico ad aderenza con argano	1	0,45	0	1	0,50
Impianto elettrico ad argano agganciato	0	0	1	0	0,45
Impianto elettrico con gruppo motoriduttore a bordo	0	0	1	0	0,3
Impianto idraulico	0	0	1	0	0,45

Tabella 3.27 – Parametri per montascale e piattaforme elevatrici
[Fonte: UNI/TS 11300-6:2016, punto 7.2.2.2, prospetto 10]

3.18 Il fabbisogno di energia elettrica di scale e marciapiedi mobili

Il fabbisogno di energia elettrica di una singola scala (E_S) o marciapiede mobile (E_M) si esprime in kWh e si calcola con l'equazione seguente[34]:

$$E_S = E_M = d \times \left[(0,2 \times t_{attesa,d}) + (0,3 \times t_{auto,d}) + \left(\frac{W_{csc}}{2} \times t_{bv,d}\right) + (W_{csc} \times t_{av,d}) + E_{ccc,d} + E_{altri,d} \right]$$

dove:
d è il numero di giorni di utilizzo del mese considerato, che si ricava dai dati di progetto o da misurazioni;

$t_{attesa,d}$ [kWh] è tempo giornaliero nelle condizioni di attesa, che si ricava dai dati di progetto o da misurazioni;

$t_{auto,d}$ [kWh] è il tempo giornaliero trascorso dall'impianto nella condizione di avviamento automatico, che si ricava dai dati di progetto o da misurazioni;

W_{csc} [kW] è la potenza in condizione operativa senza carico, che per impianti a velocità v pari a 0,5 m/s si ricava dalla Tabella 3.28. Per gli altri impianti deve essere ricavata dai dati di progetto o da misurazioni;

$t_{bv,d}$ [h] è il tempo giornaliero trascorso dall'impianto nella condizione operativa di moto a bassa velocità, che si ricava dai dati di progetto o da misurazioni;

$t_{av,d}$ [h] è il tempo giornaliero trascorso a velocità nominale, che si ricava dai dati di progetto o da misurazioni;

$E_{ccc,d}$ [kWh] è il consumo di energia in condizione operativa con carico, che si ricava dalla Tabella 3.29;

---

[34] Si assume che la potenza del quadro elettrico nella condizione operativa senza carico sia pari a 0,4 kW, pertanto 0,2 kW e 0,3 kW sono pari rispettivamente al 50% e al 75% di quest'ultima.

h (m)	W_{csc}	
	Scala mobile	Marciapiede mobile inclinato
3,0	2,2	2,8
4,5	2,5	3,3
6,0	2,8	3,9
8,0	3,1	-
l (m)	Marciapiede mobile orizzontale	
30	3,3	
45	4,4	
60	5,4	
Per valori di dislivello h e lunghezza l diversi da quelli indicati si procede per interpolazione lineare.		

Tabella 3.28 – Valori di W_{csc} per impianti a velocità pari a 0,5 m/s
[Fonte: UNI/TS 11300-6:2016, punto 9.2.2, prospetto 12]

	$E_{ccc,d}$
Impianto inclinato con funzionamento in salita	$N \times m \times 9{,}81 \times h \times 1/(3\,600\,000 \times \eta) \times (1 + \mu/tg\ \alpha)$
Impianto inclinato con funzionamento in discesa	$N \times m \times 9{,}81 \times h \times \eta \times CF/(3\,600\,000) \times (-1 + \mu/tg\ \alpha)$
Marciapiede mobile orizzontale	$N \times m \times 9{,}81 \times l \times \mu/(3\,600\,000 \times \eta)$
dove: - N è il valore medio del numero di passeggeri al giorno, che si ricava dai dati di progetto, da misurazioni o dalla Tabella 3.30; - m è pari a 75 kg; - h è il dislivello, che si ricava dai dati di progetto o da misurazioni; - η è pari a 0,75; - μ è pari a 0,05; - α è l'angolo di inclinazione, che si ricava dai dati di progetto o da misurazioni; - CF è pari a 0 per $N \leq 10000$ e 0,5 per $N > 10000$; - l è la lunghezza del marciapiede mobile, che si ricava dai dati di progetto o da misurazioni.	

Tabella 3.29 – Consumo di energia in condizione operativa con carico
[Fonte: UNI/TS 11300-6:2016, punto 9.2.2, prospetto 13]

Tipologia di installazione	Valore medio del numero di passeggeri al giorno (N)
Negozi, musei, biblioteche, luoghi di ricreazione	3000
Grandi magazzini, centri commerciali, aeroporti di media dimensione, stazioni per treni regionali, stazioni metropolitane con traffico basso, percorsi perdonali meccanizzati	10000
Aeroporti di grandi dimensioni, stazioni ferroviarie principali, stazioni metropolitane con traffico medio	15000
Stazioni metropolitane con traffico intenso	20000

Tabella 3.30 – Condizioni tipiche di utilizzo di scale e marciapiedi mobili
[Fonte: UNI/TS 11300-6:2016, punto 9.1, prospetto 11]

$E_{altri,d}$ [kWh] è il fabbisogno energetico giornaliero dei servizi accessori, determinato in base alla documentazione fornita dal produttore.

Categoria d'uso	1A	2A	3A	4A
Tipologia e uso dell'edificio	edifici fino a 4 unità immobiliari, che possono essere: • residenziali (365); • uffici con ridotta operatività verso il pubblico (260); • stazioni ferroviarie secondarie suburbane (365).	edifici fino a 10 unità immobiliari, che possono essere: • residenziali (365); • uffici con ridotta operatività verso il pubblico (260); • residenze per anziani, case famiglia, ecc. fino a 10 camere (365); • stazioni ferroviarie suburbane (365).	edifici fino a 20 unità immobiliari, che possono essere: • residenziali (365); • uffici con media operatività verso il pubblico (260); • uffici fino a 4 piani di un'unica società con ridotta operatività verso il pubblico (260); • residenze per anziani, case famiglia, ecc. fino a 30 camere (365); • edifici scolastici e biblioteche (260); • stazioni ferroviarie principali (360).	edifici fino a 30 unità immobiliari, che possono essere: • residenziali (365); • uffici con media operatività verso il pubblico (260); • uffici fino a 6 piani di un'unica società con ridotta operatività verso il pubblico (260); • uffici fino a 4 piani di più società con operatività verso il pubblico (260); • alberghi fino a 20 camere (360); • parcheggi (365); • edifici per attività

				ricreative e/o sportive (360).
Frequenza d'uso	Molto bassa	Bassa	Medio-bassa	Media
Range di corse giornaliere	≤25	>25 e ≤50	>50 e ≤100	>100 e ≤200
Numero medio di corse giornaliere (C_d)	15	35	75	130
Velocità tipica	0,63 m/s	0,63 m/s	da 0,63 m/s a 1 m/s	1,00 m/s
Categoria d'uso	**5A**		**6A**	**7A**
Tipologia e uso dell'edificio	• edifici fino a 50 unità residenziali (365); • uffici fino a 10 piani (260); • alberghi fino a 40 camere (360); • piccoli ospedali (365); • aeroporti (365); • università (260); • centri commerciali (365).		• edifici con più di 50 unità residenziali (365); • uffici con più di 10 piani (260); • alberghi con più di 40 camere (360); • ospedali (365).	• Uffici in edifici con più di 100 metri di altezza (260).
Frequenza d'uso	Medio-alta		Alta	Molto alta
Range di corse giornaliere	>200 e ≤500		>500 e ≤1000	>1000
Numero medio di corse giornaliere (C_d)	300		750	1500
Velocità tipica	1,60 m/s		2,50 m/s	5,00 m/s
I numeri tra parentesi indicano il numero tipico di giorni di servizio dell'ascensore durante il corso dell'anno, per una determinata destinazione d'uso e tipo di edificio, e non è vincolante per il calcolo del fabbisogno energetico. Per le tipologie non contemplate nella tabella si deve tener conto delle informazioni in possesso del progettista.				

Tabella 3.31 – Tipologia degli ascensori e loro utilizzo in funzione del tipo di edificio
[Fonte: UNI/TS 11300-6:2016, punto 6, prospetto 6]

4 Ponti termici

4.1 Definizione di ponte termico e metodi di calcolo

Il ponte termico è quella zona locale limitata dell'involucro edilizio che rappresenta una densità di flusso termico maggiore rispetto agli elementi costruttivi adiacenti. Le cause sono di due tipi:

1. Disomogeneità geometrica: quando c'è una differenza tra l'area della superficie disperdente sul lato interno e quella sul lato esterno, il ponte termico si presenta in corrispondenza della variazione di direzione della parte costruttiva perché durante il periodo di riscaldamento la superficie interna riscaldata è inferiore a quella esterna non riscaldata e durante il periodo di raffrescamento la superficie interna raffrescata è inferiore a quella esterna non raffrescata. Questo avviene ad esempio in corrispondenza dei giunti tra parete e pavimento, parete e soffitto o negli spigoli tra due pareti;
2. Disomogeneità materica: quando la struttura è realizzata con materiali eterogenei, il ponte termico si presenta nei punti di contatto tra due materiali ed è dovuto alla discontinuità di resistenza termica. Questo avviene ad esempio tra l'intelaiatura in cemento armato e le tamponature in laterizio o tra queste ultime e i serramenti.

I ponti termici incrementano le perdite per trasmissione e possono causare condensa superficiale con conseguente formazione di muffe e riduzione della durabilità dei materiali. Con la revisione della norma UNI/TS 11300-1:2014, per il calcolo dei ponti termici non è più possibile far ricorso né alle maggiorazioni percentuali né all'Allegato A della Norma UNI EN ISO 14683, che conteneva l'abaco dei ponti termici finora più noto e utilizzato dai certificatori. Nelle valutazioni sul progetto i metodi con cui può essere calcolato il contributo dei ponti termici sono i seguenti:

1. Il calcolo numerico in accordo alla norma UNI EN ISO 10211;

2. L'utilizzo di abachi o atlanti dei ponti termici conformi alla Norma UNI EN ISO 14683:2008.

Per valutazioni standard di edifici esistenti è ammesso, in aggiunta, l'uso di metodi di calcolo manuali conformi alla norma UNI EN ISO 14683:2008, ma è sempre da escludersi l'utilizzo dei valori riportati nell'Allegato A della stessa. Nel caso in cui il ponte termico si riferisca ad un giunto tra due strutture che coinvolgono due zone termiche diverse, il valore della trasmittanza termica lineare deve essere ripartito in parti uguali tra le due zone interessate.

Il calcolo numerico si basa sull'analisi agli elementi finiti, una tecnica di simulazione che utilizza il metodo degli elementi finiti (FEM), il cui obiettivo è essenzialmente la risoluzione in forma discreta e approssimata di generali sistemi di equazioni alle derivate parziali. Il metodo più semplice e veloce consiste nell'utilizzo di abachi o atlanti, come ad esempio l'abaco realizzato dal Politecnico di Milano, in collaborazione con Cestec S.p.A.[35] e ANCE[36], scaricabile gratuitamente dal sito *www.cened.it* sezione "download". Questo abaco consente di ricavare le trasmittanze termiche lineari esterne ed interne dei ponti termici partendo da pochi dati di input molto semplici e di facile acquisizione, come le trasmittanze termiche, gli spessori e le conducibilità termiche dei componenti edilizi. La trasmittanza termica lineare esprime il flusso termico disperso per ogni metro di lunghezza e unità di differenza di temperatura fra interno ed esterno, espressa in kelvin. L'abaco suddivide i ponti termici in 90 tipologie, raggruppate in 10 archetipi, come indicato nella tabella seguente:

Archetipo	Codifica	Tipologie
Parete con pilastro	PIL	da 001 a 008
Angolo sporgente con e senza pilastro	ASP	da 001 a 011
Angolo rientrante con e senza pilastro	ARI	da 001 a 011
Parete verticale con solaio	SOL	da 001 a 007
Parete esterna con parete interna	PIN	da 001 a 004
Parete verticale con balcone	BAL	da 001 a 007
Parete verticale con copertura piana	COP	da 001 a 018
Parete esterna con serramento	SER	da 001 a 018
Compluvi di copertura	COM	da 001 a 003
Displuvi di copertura	DIS	da 001 a 003

Tabella 4.1 – Suddivisione dei ponti termici
[Fonte: Abaco dei ponti termici realizzato dal Politecnico di Milano]

---

[35] Centro per lo Sviluppo Tecnico, l'Energia e la Competitiv delle Piccole e Medie Imprese Lombarde.
[36] Associazione Nazionale Costruttori Edili.

Vediamo un esempio reale di calcolo, dove prendiamo in esame un ponte termico causato dalla connessione tra una parete verticale esterna e un solaio, come mostrato nella figura Figura 4.1, nella quale la lettera E indica l'ambiente esterno e la I l'interno.

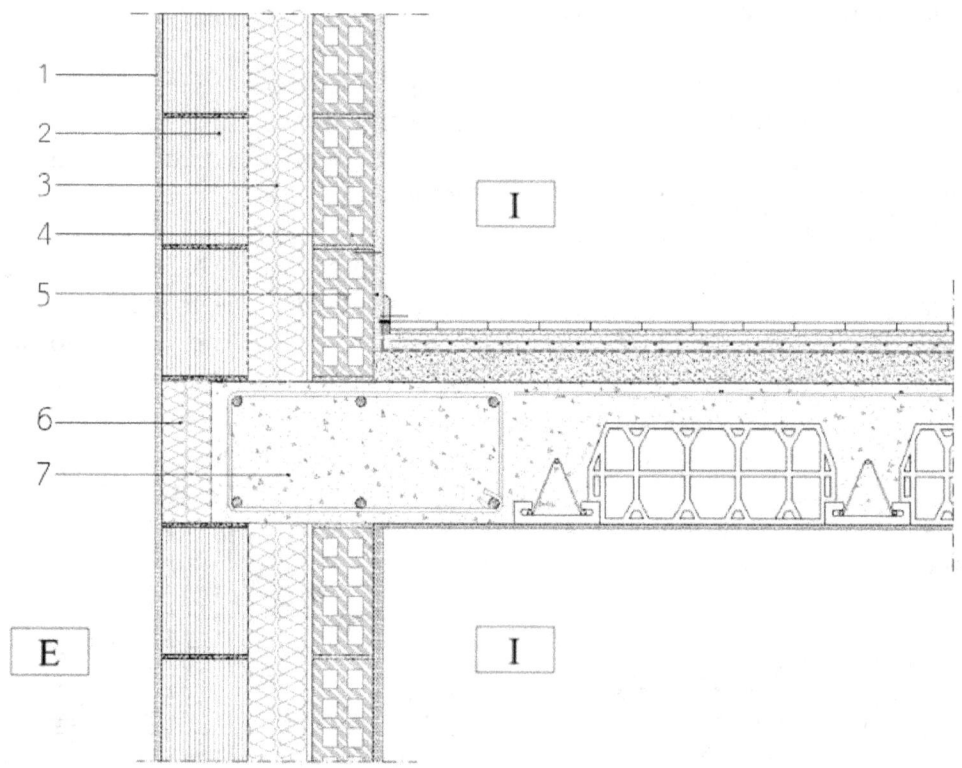

Figura 4.1 – Connessione tra una parete verticale e un solaio.
[Fonte: Abaco dei ponti termici realizzato dal Politecnico di Milano]

La stratigrafia e le caratteristiche della parete verticale esterna sono elencate nella Tabella 4.2.

Parete verticale esterna					
N	STRATIGRAFIA	Spessore [m]	Densità [kg/m^3]	Conduttività termica [W/mK]	Resistenza termica [m^{2}K/W]
E	R_{se}				0.040
1	Intonaco esterno	0.015	1800	0.900	0.017
2	Laterizio pieno	0.120	1800	0.810	0.148
3	Isolante	0.100	37	0.040	2.500
4	Laterizio forato	0.100	1200	0.540	0.185
5	Intonaco interno	0.015	1400	0.700	0.021
I	R_{si}				0.130
	Resistenza Termica Totale [m^{2}K/W]				3.041
	Trasmittanza Termica Totale [W/m^{2}K]				0.329
I valori di resistenza termica sono approssimati a 3 cifre decimali.					

Tabella 4.2 – Stratigrafia e caratteristiche della parete in esame
[Fonte: Abaco dei ponti termici realizzato dal Politecnico di Milano]

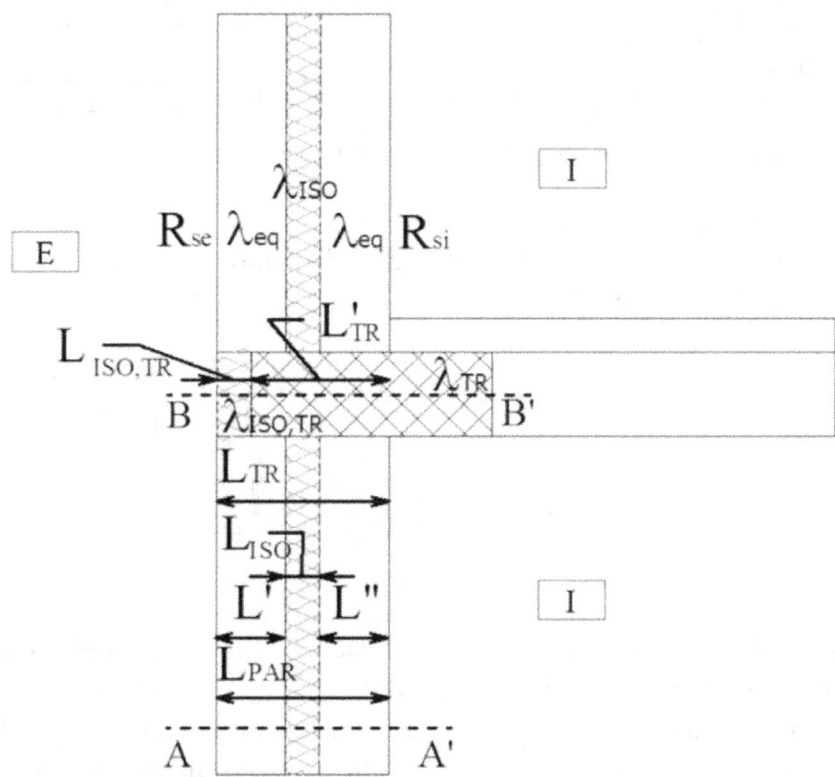

Figura 4.2 – Parete isolata in mezzeria con solaio e trave isolata
[Fonte: Abaco dei ponti termici realizzato dal Politecnico di Milano]

Il caso in esame si identifica con la tipologia "SOL.006 – Parete isolata in mezzeria con solaio e trave isolata" che riportiamo nella Figura 4.2, dalla quale si evince chiaramente che, per questa tipologia, lo spessore della trave da considerare ai fini del calcolo è pari a L'_{TR}. Tenendo conto di questo vincolo, la stratigrafia e le caratteristiche della trave sono elencate nella tabella seguente:

Trave isolata					
N	STRATIGRAFIA	Spessore [m]	Densità [kg/m³]	Conduttività termica [W/mK]	Resistenza termica [m²K/W]
E	R_{se}				0.040
1	Intonaco esterno	0.015	1800	0.900	0.017
6	Isolante trave	0.100	37	0.040	2.500
7	Trave in c.a.[37]	0.235	2400	1.910	0.123
I	R_{si}				0.130
	Resistenza Termica Totale [m²K/W]				2.810
	Trasmittanza Termica Totale [W/m²K]				0.356
I valori di resistenza termica sono approssimati a 3 cifre decimali.					

Tabella 4.3 – Stratigrafia della trave isolata in esame
[Fonte: Abaco dei ponti termici realizzato dal Politecnico di Milano]

L'abaco ci fornisce inoltre le formule per il calcolo della trasmittanza termica lineare riferita alle dimensioni esterne, che indichiamo con ψ_E, e alle dimensioni interne, che indichiamo con ψ_I:

$$\psi_E = 0.112 + 0.428\, U^* - \frac{0.127}{\lambda_{eq}}$$

$$\psi_I = -0.290 + 1.015\, U^* - \frac{0.219}{\lambda_{eq}}$$

dove:
λ_{eq} [W/mK] è la conduttività termica equivalente della parete. Dalla Figura 4.2 si evince che per il calcolo di λ_{eq} dobbiamo considerare solo gli strati di laterizio e intonaco senza tener conto dello strato isolante, che infatti viene indicato separatamente con λ_{ISO}. È come se avessimo un ipotetico materiale

---

[37] Lo spessore indicato nella tabella è pari a $\boldsymbol{L'_{TR}}$.

con conduttività termica pari a λ_{eq}, che calcoliamo attraverso l'espressione seguente:

$$\lambda_{eq} = C \cdot L$$

dove:

C [W/m²K] è la trasmittanza termica della parete escluso lo strato di isolante, ottenibile come l'inverso della somma delle resistenze termiche degli strati della parete, ad esclusione dello strato di isolante:

$$C = \frac{1}{\sum_i R_i} = \frac{1}{\sum_i \frac{L_i}{\lambda_i}}$$

dove L_i è lo spessore dello strato i-esimo della parete, espresso in metri, e λ_i è la conducibilità termica dello stesso, espressa in W/mK. Con la stratigrafia indicata nella Tabella 4.2 otteniamo:

$$C = \frac{1}{\frac{0.015}{0.9} + \frac{0.12}{0.81} + \frac{0.1}{0.54} + \frac{0.015}{0.7}} \approx 2.69 \; W/m^2 K$$

L [m] è lo spessore della parete, escluso lo strato di isolante, nel caso in esame è pari a 0.25m.

Pertanto $\lambda_{eq} = 2.69 \times 0.25 \approx 0.673 \; W/mK$

U^* è la trasmittanza adimensionale ed è pari a:

$$U^* = \frac{U_{TR}}{U_{PAR}}$$

dove:

U_{TR} [W/m²K] è la trasmittanza termica della trave, che si calcola per uno spessore pari a quello della parete come segue:

$$U_{TR} = \frac{1}{R_{si} + \frac{L_{ISO,TR}}{\lambda_{ISO,TR}} + \frac{L'_{TR}}{\lambda_{eq,TR}} + R_{se}}$$

dove:
R_{si} [m²K/W] è la resistenza termica superficiale interna;
$L_{ISO,TR}$ [m] è lo spessore dello strato isolante;
$\lambda_{ISO,TR}$ [W/mK] è la conduttività termica dello strato isolante;
L'_{TR} [m] è lo spessore della trave, escluso lo strato di isolante, come indicato nella Figura 4.2;
$\lambda_{eq,TR}$ [W/mK] è la conduttività termica equivalente della trave, che si calcola con l'espressione seguente:

$$\lambda_{eq,TR} = C_{TR} \cdot L'_{TR}$$

dove:
C_{TR} [W/m²K] è la trasmittanza termica della trave escluso lo strato di isolante, ottenibile come l'inverso della somma delle resistenze termiche degli strati della trave, ad esclusione dello strato di isolante:

$$C_{TR} = \frac{1}{\sum_i R_i} = \frac{1}{\sum_i \frac{L_i}{\lambda_i}}$$

dove L_i è lo spessore dello strato i-esimo della trave, espresso in metri, e λ_i è la conducibilità termica dello stesso, espresso in W/mK. Con la stratigrafia indicata nella Tabella 4.3 otteniamo:

$$C_{TR} = \frac{1}{\frac{0.015}{0.9} + \frac{0.235}{1.91}} \approx 7.16 \; W/m^2K$$

L'_{TR} [m] è lo spessore della trave, escluso lo strato di isolante. Come già indicato poco sopra, ai fini del calcolo si considera uno spessore totale della trave pari a quello della parete, compresi gli isolanti.

R_{se} [m²K/W] è la resistenza termica superficiale esterna;

Con la stratigrafia indicata nella Tabella 4.3 otteniamo:

$$U_{TR} = \frac{1}{0.13 + \frac{0.10}{0.04} + \frac{0.25}{1.79} + 0.04} \approx 0.356 \; W/m^2K$$

U_{PAR} [W/m²K] è la trasmittanza termica totale della parete. Nel caso in esame è pari a 0.329 W/m²K, come indicato nella Tabella 4.2.

Pertanto $U^* = \frac{0.356}{0.329} \approx 1.082$

A questo punto è possibile calcolare ψ_E e ψ_I, che sono pari rispettivamente a 0.39 W/mK e a 0.48 W/mK. Per avere come risultato un valore di flusso termico espresso in W/K dobbiamo moltiplicare i valori ottenuti per la lunghezza del ponte termico considerato: utilizziamo ψ_E se consideriamo la lunghezza esterna e ψ_I se consideriamo quella interna. I calcoli effettuati in questo paragrafo sono approssimati a 2 cifre decimali.

5 L'edificio di riferimento

5.1 Il concetto di edificio di riferimento

La novità più importante introdotta dal decreto *requisiti minimi* è il concetto di "edificio di riferimento", con il quale si intende un edificio identico a quello di progetto o reale, in termini di geometria (sagoma, volumi, superficie calpestabile, superfici degli elementi costruttivi e dei componenti), orientamento, ubicazione territoriale, destinazione d'uso e situazione al contorno, avente caratteristiche termiche e parametri energetici predeterminati. L'edificio di riferimento viene utilizzato sia per la verifica dei requisiti minimi per alcuni interventi edilizi elencati nel Paragrafo 6.3, sia per la classificazione energetica, con le seguenti differenze:

- se è utilizzato per la verifica dei requisiti minimi serve a determinare gli indici di prestazione termica utile ($EP_{H,nd,limite}$, $EP_{C,nd,limite}$ e $EP_{gl,tot,limite}$) che l'edificio di progetto non deve superare;

- se è utilizzato per la classificazione energetica serve a determinare l'indice di prestazione energetica globale in termini di energia primaria non rinnovabile di riferimento $\left(EP_{gl,nren,rif,standard(2019/21)}\right)$ con il quale confrontare l'indice di prestazione energetica globale in termini di energia primaria non rinnovabile calcolato sull'edificio reale.

Le caratteristiche termiche e i parametri energetici dell'edificio di riferimento sono differenti a seconda dell'uso, come indicato nei paragrafi 5.2, 5.3, 5.4 e 5.5. Per i tutti i dati di input e i parametri non definiti nel decreto *requisiti minimi* si utilizzano i valori dell'edificio reale.

5.2 Parametri dei componenti opachi e trasparenti dell'edificio di riferimento

In questo paragrafo sono elencati i parametri dei componenti opachi e trasparenti dell'edificio di riferimento. Se quest'ultimo è utilizzato per la verifica dei requisiti minimi bisogna prendere in considerazione i valori in vigore il giorno di presentazione del progetto presso l'ufficio tecnico comunale competente, se invece è utilizzato per la classificazione energetica bisogna prendere i parametri in vigore dal 1 gennaio 2019 per gli edifici pubblici e a uso pubblico e dal 1 gennaio 2021 per tutti gli altri. I valori tabellari si considerano comprensivi dell'effetto dei ponti termici:

Zona climatica	U (W/m²K)	
	2015[38]	2019/2021[39]
A e B	0,45	0,43
C	0,38	0,34
D	0,34	0,29
E	0,30	0,26
F	0,28	0,24

Tabella 5.1 – **Trasmittanze termiche delle strutture opache verticali, verso l'esterno, gli ambienti non climatizzati o contro terra**
[Fonte: decreto *requisiti minimi*, Appendice A, Paragrafo 1.1]

Zona climatica	U (W/m²K)	
	2015	2019/2021
A e B	0,38	0,35
C	0,36	0,33
D	0,30	0,26
E	0,25	0,22
F	0,23	0,20

Tabella 5.2 – **Trasmittanze termiche delle strutture opache orizzontali o inclinate di copertura, verso l'esterno e gli ambienti non climatizzati**
[Fonte: decreto *requisiti minimi*, Appendice A, Paragrafo 1.1]

Zona climatica	U (W/m²K)	
	2015	2019/2021
A e B	0,46	0,44
C	0,40	0,38
D	0,32	0,29
E	0,30	0,26
F	0,28	0,24

Tabella 5.3 – **Trasmittanze termiche delle strutture opache orizzontali di pavimento, verso l'esterno, gli ambienti non climatizzati o contro terra**
[Fonte: decreto *requisiti minimi*, Appendice A, Paragrafo 1.1]

---

[38] In vigore dal 1 luglio 2015 per tutti gli edifici.

[39] In vigore dal 1 gennaio 2019 per gli edifici pubblici e a uso pubblico e dal 1 gennaio 2021 per tutti gli altri.

Zona climatica	U (W/m²K)	
	2015	2019/2021
A e B	3,20	3,00
C	2,40	2,20
D	2,00	1,80
E	1,80	1,40
F	1,50	1,10

Tabella 5.4 – Trasmittanze termiche delle chiusure tecniche trasparenti e opache e dei cassonetti, comprensivi degli infissi, verso l'esterno e verso ambienti non climatizzati
[Fonte: decreto *requisiti minimi*, Appendice A, Paragrafo 1.1]

Zona climatica	U (W/m²K)	
	2015	2019/2021
Tutte le zone	0,80	0,80

Tabella 5.5 – Trasmittanze termiche delle strutture opache verticali e orizzontali di separazione tra edifici o unità immobiliari confinanti
[Fonte: decreto *requisiti minimi*, Appendice A, Paragrafo 1.1]

Zona climatica	g_{gl+sh}	
	2015	2019/2021
Tutte le zone	0,35	0,35

Tabella 5.6 – Fattore di trasmissione solare totale della componente finestrata quando la schermatura solare è utilizzata
[Fonte: decreto *requisiti minimi*, Appendice A, Paragrafo 1.1]

Nel caso di strutture delimitanti lo spazio riscaldato verso ambienti non climatizzati, si assume come trasmittanza il valore della pertinente tabella diviso per il fattore di correzione $b_{tr,U}$ dello scambio termico tra ambiente climatizzato e non climatizzato, che si ricava dalla Tabella 2.1.

Per le strutture opache verso l'esterno si considera il coefficiente di assorbimento solare dell'edificio reale $\alpha_{sol,c}$, che in assenza di informazioni precise può essere assunto pari a 0,3 per colori chiari della superficie esterna, 0,6 per colori medi e 0,9 per colori scuri.

Per i componenti finestrati con orientamento da Est a Ovest passando per Sud, si assume il valore di g_{gl+sh} (fattore di trasmissione di energia solare totale quando la schermatura solare è utilizzata) riportato nella Tabella 5.6.

5.3 Caratteristiche degli impianti dell'edificio di riferimento

Se l'edificio di riferimento è utilizzato per la verifica dei requisiti minimi deve essere dotato degli stessi impianti dell'edificio di progetto o reale. In assenza del servizio energetico nell'edificio reale non si considera il fabbisogno di energia primaria per quel servizio. Il fabbisogno di energia primaria E_P e i fabbisogni di energia termica utile $Q_{H,nd}$ e $Q_{C,nd}$ dell'edificio di riferimento sono calcolati secondo quanto indicato nei capitoli 2 e 3. Per il servizio di acqua calda sanitaria il fabbisogno di energia termica utile $Q_{W,nd}$ è pari a quello dell'edificio reale. Le efficienze medie η_u del complesso dei sottosistemi di utilizzazione (emissione/erogazione, regolazione, distribuzione e dell'eventuale accumulo) sono definite nella tabella seguente:

Efficienza dei sottosistemi di utilizzazione η_u	H	C	W
Distribuzione idronica	0,81	0,81	0,70
Distribuzione aeraulica	0,83	0,83	-
Distribuzione mista	0,82	0,82	-

Tabella 5.7 – Efficienze dei sottosistemi di utilizzazione
[Fonte: decreto *requisiti minimi*, Appendice A, Paragrafo 1.2.1]

Le efficienze medie η_{gn} dei sottosistemi di generazione sono definite nella tabella seguente:

Sottosistemi di generazione	Produzione di energia termica			Produzione di energia elettrica in situ
	H	C	W	
Generatore a combustibile liquido	0,82	-	0,80	-
Generatore a combustibile gassoso	0,85	-	0,85	-
Generatore a combustibile solido	0,72	-	0,70	-
Generatore a biomassa solida	0,72	-	0,65	-
Generatore a biomassa liquida	0,82	-	0,75	-
Pompa di calore a compressione di vapore con motore elettrico	3,00	(*)	2,50	-
Macchina frigorifera a compressione di vapore a motore elettrico	-	2,50	-	-
Pompa di calore ad assorbimento	1,20	(*)	1,10	-
Macchina frigorifera a fiamma indiretta	-	0,60 x η_{gn}	-	-
Macchina frigorifera a fiamma diretta	-	0,60	-	-

Pompa di calore a compressione di vapore a motore endotermico	1,15	1,00	1,05	-
Cogeneratore	0,55	-	0,55	0,25
Riscaldamento con resistenza elettrica	1,00	-	-	-
Teleriscaldamento	0,97	-	-	-
Teleraffrescamento	-	0,97	-	-
Solare termico	0,3	-	0,3	-
Solare fotovoltaico	-	-	-	0,1
Mini eolico e mini idroelettrico	-	-	-	(**)
(*) Per pompe di calore che prevedono la funzione di raffrescamento si considera lo stesso valore delle macchine frigorifere della stessa tipologia.				
(**) Si assume l'efficienza media del sistema installato nell'edificio reale.				

Tabella 5.8 – Efficienze medie dei sottosistemi di generazione
[Fonte: decreto *requisiti minimi*, Appendice A, Paragrafo 1.2.1]

L'efficienza media della macchina frigorifera a fiamma indiretta è definita come $0,60 \times \eta_{gn}$ del sistema installato nell'edificio reale. Per i combustibili tutti i dati fanno riferimento al potere calorifico inferiore, che è pari a quello superiore diminuito del calore di condensazione del vapore d'acqua durante la combustione. Il potere calorifico superiore è la quantità di calore che si rende disponibile per effetto della combustione completa a pressione costante della massa unitaria del combustibile, quando i prodotti della combustione siano riportati alla temperatura iniziale del combustibile e del comburente.

Climatizzazione invernale	Generatore a combustibile gassoso (gas naturale) nel rispetto dei requisiti di cui alla Tabella 5.8 e con relativa efficienza dei sottosistemi di utilizzazione di cui alla Tabella 5.7.
Climatizzazione estiva	Macchina frigorifera a compressione di vapore a motore elettrico nel rispetto dei requisiti di cui alla Tabella 5.8 e con relativa efficienza dei sottosistemi di utilizzazione di cui alla Tabella 5.7.
Ventilazione	Ventilazione meccanica a semplice flusso per estrazione nel rispetto dei requisiti di cui al Paragrafo 5.5.
Acqua calda sanitaria	Generatore a combustibile gassoso (gas naturale) nel rispetto dei requisiti di cui alla Tabella 5.8 e con relativa efficienza dei sottosistemi di utilizzazione di cui alla Tabella 5.7.
Illuminazione	Rispetto dei requisiti e metodo di calcolo del fabbisogno come indicato nel Paragrafo 5.4.
Trasporto persone o cose	Si ipotizza la presenza degli stessi impianti presenti nell'edificio reale con i requisiti elencati nel Paragrafo 6.2, punto h). Il fabbisogno energetico si calcola come indicato nei Paragrafi 3.16, 3.17 e 3.18.

Tabella 5.9 – Tecnologie standard dell'edificio di riferimento
[Fonte: decreto *linee guida*, Paragrafo 5.1, tabella 1]

Se l'edificio di riferimento è utilizzato per la classificazione energetica bisogna ipotizzare che in esso siano presenti gli impianti standard elencati nella Tabella 5.9, escludendo gli impianti di illuminazione artificiale e per il trasporto di persone o cose per gli edifici di categoria E.1 (fatta eccezione per collegi, conventi, case di pena, caserme, alberghi, pensioni ed attività similari). Per tutte le categorie di edifici si devono escludere anche gli eventuali impianti a fonti rinnovabili presenti nell'edificio reale.

5.4 Il fabbisogno energetico di illuminazione dell'edificio di riferimento

L'Enea (Agenzia nazionale per le nuove tecnologie, l'energia e lo sviluppo economico sostenibile), in collaborazione con il CTI (Comitato Termotecnico Italiano), entro un anno dall'entrata in vigore del decreto *requisiti minimi*, predispone uno studio sui parametri tecnici dell'edificio di riferimento, al fine di verificare le caratteristiche delle tecniche costruttive, convenzionali e innovative, e monitorare l'evoluzione dei requisiti energetici ottimali. Nelle more dei risultati di questo studio il fabbisogno complessivo di energia elettrica per illuminazione nell'edificio di riferimento si calcola come indicato al Paragrafo 3.14, sia se l'edificio di riferimento è utilizzato per la verifica dei requisiti minimi sia se utilizzato per la classificazione energetica. Si considerano gli stessi parametri (occupazione e sfruttamento della luce naturale) dell'edificio reale e sistemi automatici di regolazione di classe B (UNI EN 15232).

5.5 Il fabbisogno energetico di ventilazione dell'edificio di riferimento

Per gli impianti di ventilazione meccanica nell'edificio di riferimento si considerano le medesime portate di aria dell'edificio reale sia se l'edificio di riferimento è utilizzato per la verifica dei requisiti minimi sia se utilizzato per la classificazione energetica. Il fabbisogno specifico di energia elettrica per la ventilazione è indicato con E_{ve} ed è desumibile dalla tabella seguente:

Tipologia di impianto	E_{ve} [Wh/m^3]
Ventilazione meccanica a semplice flusso per estrazione	0,25
Ventilazione meccanica a semplice flusso per immissione con filtrazione	0,30
Ventilazione meccanica a doppio flusso senza recupero	0,35
Ventilazione meccanica a doppio flusso con recupero	0,50

Tabella 5.10 – Fabbisogni di energia elettrica specifici per m^3 di aria movimentata
[Fonte: decreto *requisiti minimi*, Appendice A, Paragrafo 1.2.3]

Per le Unità Trattamento Aria vige il rispetto dei regolamenti di settore emanati dalla Commissione Europea in attuazione delle direttive 2009/125/CE e

2010/30/UE del Parlamento europeo e del Consiglio, assumendo la portata e la prevalenza dell'edificio reale.

6 La relazione tecnica ai sensi della legge 10/1991

6.1 La relazione tecnica ai sensi della legge 10/1991 e l'Attestato di Qualificazione Energetica

La legge 10/1991 prevede la predisposizione di una relazione tecnica, a firma di un professionista abilitato, da depositare presso l'ufficio tecnico comunale competente prima dell'inizio dei lavori di nuova costruzione, demolizione e ricostruzione, ampliamento (inclusa la sopraelevazione), ristrutturazione importante e riqualificazione energetica. Questa relazione rappresenta una verifica energetica che valuta in modo vincolante come il progettista ha ipotizzato le murature, i serramenti, i pavimenti, la copertura e gli impianti di un edificio, e serve a dimostrare che l'organismo edilizio, comprensivo degli impianti in esso contenuti, è stato progettato rispettando i requisiti minimi di efficienza richiesti. Il direttore dei lavori avrà poi l'obbligo di fare eseguire i lavori come previsto nella stessa e in sede di dichiarazione di fine lavori dovrà presentare un Attestato di Qualificazione Energetica (AQE) all'ufficio tecnico comunale competente, che svolge il ruolo di strumento di controllo *ex post* del rispetto, in fase di costruzione o ristrutturazione degli edifici, delle prescrizioni contenute nella relazione tecnica. La dichiarazione di fine lavori è inefficace nel caso in cui manchi l'AQE. I requisiti minimi da rispettare sono differenti secondo il tipo di intervento da eseguire, analizziamo le differenze caso per caso nella tabella che segue:

Nuova costruzione, demolizione e ricostruzione, ampliamento e sopraelevazione
Nuova costruzione (decreto *requisiti minimi*, Allegato 1 Paragrafo 1.3)
Per edificio di nuova costruzione si intende l'edificio il cui titolo abilitativo sia stato richiesto dopo l'entrata in vigore del decreto *requisiti minimi*.
Sono assimilati agli edifici di nuova costruzione:

Demolizione e ricostruzione (decreto *requisiti minimi*, Allegato 1 Paragrafo 1.3)

Gli edifici sottoposti a demolizione e ricostruzione, qualunque sia il titolo abilitativo necessario.

Ampliamento di edifici esistenti (decreto *requisiti minimi*, Allegato 1 Paragrafo 1.3)

Se la nuova porzione ha un volume lordo climatizzato superiore al 15% di quello esistente o comunque superiore a 500 m^3. L'ampliamento può essere connesso funzionalmente al volume pre-esistente o costituire, a sua volta, una nuova unità immobiliare (definita come "parte progettata per essere utilizzata separatamente" dall'Allegato A del decreto legislativo 192/2005). In questi casi, la verifica del rispetto dei requisiti deve essere condotta solo sulla nuova porzione di edificio. Nel caso in cui l'ampliamento sia servito mediante l'estensione di sistemi tecnici pre-esistenti (a titolo di esempio non esaustivo l'estensione della rete di distribuzione e nuova installazione di terminali di erogazione) il calcolo della prestazione energetica è svolto in riferimento ai dati tecnici degli impianti comuni risultanti.

Ristrutturazioni importanti e riqualificazioni energetiche

Ristrutturazioni importanti di primo livello (decreto *requisiti minimi*, Allegato 1 Paragrafo 1.4.1)

L'intervento, oltre a interessare l'involucro edilizio con un'incidenza superiore al 50% della superficie disperdente lorda complessiva dell'edificio, comprende anche la ristrutturazione dell'impianto termico per il servizio di climatizzazione invernale e/o estiva asservito all'intero edificio. In tali casi i requisiti di prestazione energetica si applicano all'intero edificio e si riferiscono alla sua prestazione energetica relativa al servizio o servizi interessati.

Ristrutturazioni importanti di secondo livello (decreto *requisiti minimi*, Allegato 1 Paragrafo 1.4.1)

L'intervento interessa l'involucro edilizio con un incidenza superiore al 25% della superficie disperdente lorda complessiva dell'edificio e può interessare l'impianto termico per il servizio di climatizzazione invernale e/o estiva. In tali casi, i requisiti di prestazione energetica da verificare riguardano le caratteristiche termo-fisiche delle sole porzioni e delle quote di elementi e componenti dell'involucro dell'edificio interessati dai lavori di riqualificazione energetica e il coefficiente

> globale di scambio termico per trasmissione (H'_T) determinato per l'intera parete, comprensiva di tutti i componenti su cui si è intervenuti.
>
> **Riqualificazioni energetiche** (decreto *requisiti minimi*, Allegato 1 art. 1.4.1)
>
> Si definiscono interventi di "riqualificazione energetica di un edificio" quelli non riconducibili ai casi di cui al Paragrafo 1.4.1 ma che coinvolgono una superficie inferiore o uguale al 25% della superficie disperdente lorda complessiva dell'edificio e/o consistono nella nuova installazione, nella ristrutturazione di un impianto termico asservito all'edificio o di altri interventi parziali, ivi compresa la sostituzione del generatore. In tali casi i requisiti di prestazione energetica richiesti si applicano ai soli componenti edilizi e impianti oggetto di intervento, e si riferiscono alle loro relative caratteristiche termo-fisiche o di efficienza.

Tabella 6.1 – Tipi di intervento

Ai fini della determinazione della soglia percentuale d'incidenza, sono da considerarsi unicamente gli elementi edilizi opachi e trasparenti che delimitano il volume a temperatura controllata dall'ambiente esterno e da ambienti non climatizzati quali le pareti verticali, i solai contro terra e su spazi aperti, i tetti e le coperture (solo quando delimitanti volumi climatizzati).

Risultano esclusi dall'applicazione dei requisiti minimi di prestazione energetica:

a) gli interventi di ripristino dell'involucro edilizio che coinvolgono unicamente strati di finitura, interni o esterni, ininfluenti dal punto di vista termico (quali la tinteggiatura), o rifacimento di porzioni di intonaco che interessino una superficie minore del 10% della superficie disperdente lorda complessiva dell'edificio;

b) gli interventi di manutenzione ordinaria sugli impianti termici esistenti.

6.2 Prescrizioni comuni per gli edifici di nuova costruzione, gli edifici oggetto di ristrutturazioni importanti o gli edifici sottoposti a riqualificazione energetica

a) Gli edifici e gli impianti non industriali devono essere progettati per assicurare, in relazione al progresso della tecnica e tenendo conto del principio di efficacia sotto il profilo dei costi, il massimo contenimento dei consumi di energia non rinnovabile e totale;

b) Nel caso di intervento che riguardi le strutture opache delimitanti il volume climatizzato verso l'esterno, si procede in conformità alla normativa tecnica vigente (UNI EN ISO 13788), alla verifica dell'assenza:

- di rischio di formazione di muffe, con particolare attenzione ai ponti termici negli edifici di nuova costruzione;

- di condensazioni interstiziali.

Le condizioni interne di utilizzazione sono quelle previste nell'appendice alla norma sopra citata, secondo il metodo delle classi di concentrazione. Le medesime verifiche possono essere effettuate con riferimento a condizioni diverse, qualora esista un sistema di controllo dell'umidità interna e se ne tenga conto nella determinazione dei fabbisogni di energia primaria per riscaldamento e raffrescamento;

c) Al fine di limitare i fabbisogni energetici per la climatizzazione estiva e di contenere la temperatura interna degli ambienti, nonché di limitare il surriscaldamento a scala urbana, per le strutture di copertura degli edifici è obbligatoria la verifica dell'efficacia, in termini di rapporto costi-benefici, dell'utilizzo di:

- materiali a elevata riflettanza solare per le coperture, assumendo per questi ultimi un valore di albedo[40] non inferiore a 0,65 nel caso di coperture piane e 0,30 nel caso di copertura a falde. Ad esempio il "cool roof" (tetto fresco) è un sistema di copertura in grado di riflettere la radiazione solare mantenendo fresche le superfici esposte;

- tecnologie di climatizzazione passiva (a titolo esemplificativo e non esaustivo: ventilazione e coperture a verde).

---

[40] L'albedo (dal latino albēdo, "bianchezza", da albus, "bianco") di una superficie è la frazione di luce o, più in generale, di radiazione incidente che viene riflessa in tutte le direzioni. Essa indica dunque il potere riflettente di una superficie. L'albedo massima è 1, quando tutta la luce incidente viene riflessa. L'albedo minima è 0, quando nessuna frazione della luce viene riflessa.

Tali verifiche e valutazioni devono essere puntualmente documentate nella relazione tecnica;

d) Negli edifici esistenti sottoposti a ristrutturazioni importanti, o a riqualificazioni energetiche, nel caso di installazione di impianti termici dotati di pannelli radianti a pavimento o a soffitto e nel caso di intervento di isolamento dall'interno, le altezze minime dei locali di abitazione previste al primo e al secondo comma del DM 5 luglio 1975, possono essere derogate, fino a un massimo di 10 centimetri. Resta fermo che nei comuni montani al di sopra dei metri 1000 sul livello del mare può essere consentita, tenuto conto delle condizioni climatiche locali e della locale tipologia edilizia, una riduzione dell'altezza minima dei locali abitabili a metri 2,55. Nelle more dell'emanazione dei Regolamenti della Commissione europea in materia, attuativi delle Direttive 2009/125/CE e 2010/30/UE, l'installazione di generatori di calore alimentati a biomasse solide combustibili è consentita soltanto nel rispetto di rendimenti termici utili nominali corrispondenti alle classi minime di cui alle pertinenti norme di prodotto riportate nella Tabella 6.2;

Tipologia	Norma di riferimento
Caldaie a biomassa	UNI EN 303-5
Caldaie con potenza < 50kW	UNI EN 12809
Stufe a combustibile solido	UNI EN 13240
Apparecchi per il riscaldamento domestico alimentati a pellet	UNI EN 14785
Termocucine	UNI EN 12815
Inserti a combustibile solido	UNI EN 13229
Apparecchi a lento rilascio	UNI EN 15250
Bruciatori a pellet	UNI EN 15270

Tabella 6.2 – Tipologia di generatori di calore alimentati a biomasse solide combustibili e relative norme di prodotto
[Fonte: decreto *requisiti minimi*, Allegato 1, Tabella 2, Paragrafo 2.3]

e) In relazione alla qualità dell'acqua utilizzata negli impianti termici per la climatizzazione invernale, con o senza produzione di acqua calda sanitaria, ferma restando l'applicazione della norma tecnica UNI 8065, è sempre obbligatorio un trattamento di condizionamento chimico. Per impianti di potenza termica del focolare maggiore di 100 kW e in presenza di acqua di alimentazione con durezza totale maggiore di 15 gradi francesi, è obbligatorio un trattamento di addolcimento dell'acqua di impianto. Per quanto riguarda i predetti trattamenti si fa riferimento alla norma tecnica UNI 8065;

f) Negli impianti termici per la climatizzazione invernale di nuova installazione, aventi potenza termica nominale del generatore maggiore di 35 kW è obbligatoria l'installazione di un contatore del volume di acqua calda sanitaria prodotta e di un contatore del volume di acqua di reintegro per l'impianto di riscaldamento. Le letture dei contatori installati dovranno essere riportate sul libretto di impianto;

g) Nel caso di installazione di impianti di microcogenerazione, il rendimento energetico delle unità di produzione, espresso dall'indice di risparmio di energia primaria PES, calcolato conformemente a quanto previsto dall'Allegato III del D.Lgs. 8 febbraio 2007, n. 20, misurato nelle condizioni di esercizio (ovvero alle temperature medie di ritorno di progetto), deve risultare non inferiore a 0. Il progettista dovrà inserire nella relazione tecnica il calcolo dell'indice PES atteso a preventivo su base annua, per la determinazione del quale:

- devono essere considerate ed esplicitate le condizioni di esercizio (ovvero le temperature medie mensili di ritorno) in funzione della tipologia di impianto;

- devono essere utilizzate le metodologie di calcolo di cui alla norma UNI TS 11300-4 e relativi allegati;

- i dati relativi alle curve prestazionali devono essere rilevati secondo norma UNI ISO 3046.

h) Nelle more dei risultati dello studio indicato nel Paragrafo 5.4, gli ascensori e le scale mobili devono essere dotati di motori elettrici che rispettino il Regolamento (CE) n. 640/2009 della Commissione europea del 22 luglio 2009 e successive modificazioni. Tali impianti devono essere dotati altresì di specifica scheda tecnica redatta dalla ditta installatrice che riporta, per gli ascensori: tipo di tecnologia, portata, corsa, potenza nominale del motore, consumo energetico per ciclo di riferimento, potenza di standby; mentre per le scale mobili (ivi compresi i marciapiedi mobili): tipo di tecnologia, potenza nominale del motore, consumo energetico con funzionamento in continuo. Tali schede dovranno essere conservate dal responsabile dell'impianto.

6.3 Requisiti minimi e prescrizioni in caso di nuova costruzione, demolizione e ricostruzione, ampliamento, sopraelevazione e ristrutturazione importante di primo livello

In caso di nuova costruzione, demolizione e ricostruzione, ampliamento (inclusa la sopraelevazione) e ristrutturazione importante di primo livello, i requisiti da rispettare sono i seguenti:

a) Definiamo il coefficiente globale di scambio termico la cui unità di misura è il W/m²K:

$$H'_T = \frac{H_{tr,adj}}{\sum_k A_k}$$

dove:
$H_{tr,adj}$ [W/K] è il coefficiente globale di scambio termico per trasmissione dell'involucro calcolato come indicato nel Paragrafo 2.4;
A_k [m²] è la superficie del k-esimo componente (opaco o trasparente) costituente l'involucro.

Il valore del coefficiente globale di scambio termico H'_T deve essere inferiore al valore massimo ammissibile riportato nella Tabella 6.3, in funzione della zona climatica e del rapporto S/V (rapporto tra la superficie disperdente e il volume lordo). Questa verifica si effettua per unità immobiliare.

RAPPORTO DI FORMA (S/V)	Zona climatica				
	A e B	C	D	E	F
S/V ≥ 0,7	0,58	0,55	0,53	0,50	0,48
0,7 > S/V ≥ 0,4	0,63	0,60	0,58	0,55	0,53
0,4 > S/V	0,80	0,80	0,80	0,75	0,70

Tabella 6.3 – Coefficiente globale di scambio termico
[Fonte: decreto *requisiti minimi*, Appendice A, Paragrafo 2.1]

b) Indichiamo con $A_{sol,est}$ l'area solare equivalente estiva dell'unità immobiliare in esame e con $A_{sup\,utile}$ la sua superficie utile. $A_{sol,est}/A_{sup\,utile}$ deve essere inferiore o uguale al valore massimo ammissibile riportato nella seguente tabella:

Categoria edificio	Tutte le zone climatiche
Categoria E.1 (fatta eccezione per collegi, conventi, case di pena, caserme, alberghi, pensioni ed attività similari)	≤ 0,03
Tutti gli altri edifici	≤ 0,04

Tabella 6.4 – Rapporto tra area solare equivalente estiva e superficie utile dell'edificio
[Fonte: decreto *requisiti minimi*, Appendice A, Paragrafo 2.2]

Per rientrare nei parametri prefissati di $A_{sol,est}/A_{sup\,utile}$, il progettista può agire su due variabili: dimensione dei serramenti e schermatura solare. Poiché le dimensioni dei serramenti sono anche legate e vincolate alle prescrizioni relative alle norme igienico-sanitarie di fatto diventa rilevante schermare al meglio le vetrate con esposizione da Est a Ovest passando per Sud, per ridurre l'apporto di calore per irraggiamento solare. Anche questa verifica si effettua per unità immobiliare.

L'area solare equivalente estiva $A_{sol,est}$ si calcola mediante la sommatoria delle aree equivalenti estive di ogni componente vetrato k e si misura in m², come indicato di seguito:

$$A_{sol,est} = \sum_{k} F_{sh,ob} \times g_{gl+sh} \times (1 - F_F) \times A_{w,p} \times F_{sol,est}$$

dove:
$F_{sh,ob}$ è il fattore di riduzione per ombreggiatura relativo ad elementi esterni per l'area di captazione solare effettiva della superficie vetrata k–esima, riferito al mese di luglio, calcolato con il metodo indicato nel Paragrafo 2.5;

g_{gl+sh} è il fattore di trasmissione di energia solare totale del componente finestrato quando la schermatura solare è utilizzata;

F_F è la frazione di area relativa al telaio, rapporto tra l'area del telaio e l'area totale del componente finestrato. Se l'elemento non è piano bisogna prendere l'area del telaio e l'area totale del componente finestrato proiettate su un piano;

$A_{w,p}$ [m²] è l'area totale del componente vetrato (area del vano finestra);

$F_{sol,est}$ è il fattore di correzione per l'irraggiamento incidente, ricavato come rapporto tra l'irradianza solare giornaliera media nel mese di luglio, nella località e per l'esposizione considerata, e l'irradianza media annuale di Roma, sul piano orizzontale. L'irradianza solare giornaliera media del mese di luglio sul piano orizzontale può essere ricavata dalla norma UNI 10349-1 sommando le componenti H_{dh} (diffusa) e H_{bh} (diretta) del mese di luglio per la località considerata.

Calcoliamo ad esempio $F_{sol,est}$ per Milano:

$$H_{dh} = 8,8 \text{ MJ/m}^2$$
$$H_{bh} = 14,5 \text{ MJ/m}^2$$

L'irradianza solare giornaliera media nel mese di luglio è pari a 23,30 MJ/m². Ora calcoliamo l'irradianza media annuale di Roma sul piano orizzontale, che è pari alla somma di tutte le componenti diffuse e dirette sul piano orizzontale, di tutti i mesi dell'anno, diviso per 12, e otteniamo 15,58 MJ/m². Pertanto $F_{sol,est}$ per Milano = 23,30/15,58 ≈ 1,50;

c) Gli indici $EP_{H,nd}$, $EP_{C,nd}$ e $EP_{gl,tot}$ devono essere inferiori ai valori dei corrispondenti indici limite calcolati per l'edificio di riferimento ($EP_{H,nd,limite}$, $EP_{C,nd,limite}$ e $EP_{gl,tot,limite}$). Ai fini di questa verifica il progettista determina i predetti indici di prestazione con l'utilizzo dei fattori di conversione in energia primaria totale indicati nella Tabella 3.1;

d) Le efficienze η_H, η_W e η_C devono essere superiori ai valori delle corrispondenti efficienze indicate per l'edificio di riferimento ($\eta_{H,limite}$, $\eta_{W,limite}$ e $\eta_{C,limite}$);

e) A eccezione degli edifici classificati nelle categorie E.6 ed E.8, in tutte le zone climatiche ad eccezione della F, per le località dove il valore medio mensile dell'irradianza sul piano orizzontale $(I_{m,s})$ nel mese di massima insolazione sia maggiore o uguale a 290 W/m², il progettista esegue almeno una delle seguenti verifiche relativamente a tutte le pareti verticali opache con l'eccezione di quelle comprese nel quadrante nord-ovest/nord/nord-est:

- Il valore della massa superficiale[41] (M_s) sia superiore a 230 kg/m^2;

- Il valore del modulo della trasmittanza termica periodica[42] (Y_{IE}) sia inferiore a 0,10 W/m^{2}K.

Il progettista deve verificare inoltre che il valore del modulo della trasmittanza termica periodica Y_{IE} di tutte le pareti opache orizzontali e inclinate sia inferiore a 0,18 W/m^{2}K.

Gli effetti positivi che si ottengono con il rispetto dei valori di massa superficiale o trasmittanza termica periodica delle pareti opache, possono essere raggiunti, in alternativa, con l'utilizzo di tecniche e materiali, anche innovativi, ovvero coperture a verde, che permettano di contenere le oscillazioni della temperatura degli ambienti in funzione dell'irraggiamento solare. In tal caso deve essere prodotta una adeguata documentazione e certificazione delle tecnologie e dei materiali che ne attesti l'equivalenza con le predette disposizioni.

f) A eccezione della categoria E.8, nel caso di nuova costruzione e ristrutturazione importante di primo livello di edifici esistenti, questo ultimo limitatamente alle demolizioni e ricostruzioni, da realizzarsi in zona climatica C, D, E ed F, nonché in caso di realizzazione di pareti interne per la separazione delle unità immobiliari, il valore della trasmittanza delle strutture edilizie di separazione tra edifici o unità immobiliari confinanti, fatto salvo il rispetto del decreto del Presidente del Consiglio dei Ministri 5 dicembre 1997 e successive modificazioni, pubblicato nella Gazzetta Ufficiale n. 297 del 22 dicembre 1997, recante determinazione dei requisiti acustici passivi degli edifici, deve essere inferiore o uguale a 0,8 W/m^{2}K, nel caso di pareti divisorie verticali e orizzontali. Il medesimo limite deve essere rispettato per tutte le strutture opache, verticali, orizzontali e inclinate, che delimitano verso l'ambiente esterno gli ambienti non dotati di impianto di climatizzazione adiacenti agli ambienti climatizzati;

---

[41] La massa superficiale è definita nel Paragrafo 1.14.
[42] La trasmittanza termica periodica è definita nel Paragrafo 1.15.

g) Nei nuovi edifici, in quelli sottoposti a ristrutturazioni importanti di primo livello o rilevanti, il progettista assevera l'osservanza degli obblighi di integrazione delle fonti rinnovabili, come indicato nel Paragrafo 6.6;

Non è prevista la verifica dell'indice di prestazione energetica globale in termini di energia primaria non rinnovabile $EP_{gl,nren}$.

Le prescrizioni da rispettare sono le seguenti:

a) Nel caso della presenza, a una distanza inferiore a metri 1.000 dall'edificio oggetto del progetto, di reti di teleriscaldamento e teleraffrescamento, ovvero di progetti di teleriscaldamento approvati nell'ambito di opportuni strumenti pianificatori, se le valutazioni tecnico-economiche sono favorevoli, è obbligatoria la predisposizione delle opere murarie e impiantistiche, necessarie al collegamento alle predette reti. Il teleriscaldamento è una forma di riscaldamento che consiste essenzialmente nella distribuzione, attraverso una rete di tubazioni isolate e interrate, di acqua calda, acqua surriscaldata o vapore (detti fluidi termovettori), proveniente da una grossa centrale di produzione, alle abitazioni, con successivo ritorno dei suddetti alla stessa centrale. Il calore è solitamente prodotto in una centrale di cogenerazione termoelettrica a gas naturale, combustibili fossili, biomasse, oppure utilizzando il calore proveniente dalla termovalorizzazione dei rifiuti solidi urbani, lo scarto dei processi industriali, la geotermia e il solare termico. In Italia, a Ferrara, è presente una centrale geotermica per teleriscaldamento in grado di sviluppare una potenza di 14 MWt e di produrre ogni anno circa 75.000 MWh di energia termica, sufficienti a coprire il 40% delle abitazioni della città. L'acqua calda viene prelevata a una temperatura di 100/105 °C da una profondità di circa 2.000 metri attraverso due pozzi e l'energia termica viene ceduta alla rete del teleriscaldamento attraverso uno scambiatore di calore per poi essere reiniettata nel giacimento sotterraneo tramite un pozzo di immissione. Il teleraffrescamento è poco diffuso ma il principio di base è simile a quello del teleriscaldamento: si utilizzano centrali di produzione di acqua fredda oppure tecnologie che sfruttano il calore generato da centrali di teleriscaldamento. Negli impianti di teleriscaldamento utilizzanti sistemi cogenerativi, il fattore di conversione dell'energia termica prodotta da cogenerazione è calcolato sulla base di bilanci annui e norme tecniche applicabili, facendo riferimento a metodi di allocazione che hanno la funzione di ripartire la richiesta di energia fra i diversi generatori. L'energia utilizzata dal cogeneratore viene allocata all'energia elettrica e termica prodotta dallo stesso secondo i fattori di allocazione a_w (energia elettrica) e a_q (energia termica) riportati di seguito, considerando un rendimento di riferimento del sistema elettrico nazionale η_{el} pari a 0,413 ed un rendimento di riferimento termico $\eta_{th,ref}$ pari a 0,9:

$$a_w = \frac{\frac{\eta_{el}}{\eta_{el,ref}}}{\frac{\eta_{el}}{\eta_{el,ref}} + \frac{\eta_{th}}{\eta_{th,ref}}} \qquad a_q = \frac{\frac{\eta_{th}}{\eta_{th,ref}}}{\frac{\eta_{el}}{\eta_{el,ref}} + \frac{\eta_{th}}{\eta_{th,ref}}}$$

Ai fini del calcolo della prestazione energetica degli edifici e delle unità immobiliari allacciate, il gestore della rete di teleriscaldamento rende disponibile, sul proprio sito internet, copia del certificato con i valori dei fattori di conversione;

b) Gli impianti di climatizzazione invernale devono essere dotati di sistemi per la regolazione automatica della temperatura ambiente nei singoli locali o nelle singole zone termiche al fine di non determinare sovra riscaldamento per effetto degli apporti solari e degli apporti gratuiti interni. Tali sistemi devono essere assistiti da compensazione climatica, che può essere omessa ove la tecnologia impiantistica preveda sistemi di controllo equivalenti o di maggiore efficienza o qualora non sia tecnicamente realizzabile. Tali differenti impedimenti devono essere debitamente documentati nella relazione tecnica;

c) Bisogna provvedere all'installazione di sistemi di misurazione intelligente dell'energia consumata, conformemente a quanto previsto all'art. 9 del D.Lgs. 102/2014, riportato integralmente all'Appendice E;

d) Nel caso di impianti termici al servizio di più unità immobiliari è obbligatoria l'installazione di un sistema di contabilizzazione del calore, del freddo e dell'acqua calda sanitaria, conformemente a quanto previsto dall'art. 9, comma 5, del D.Lgs. 102/2014;

a) Al fine di ottimizzare l'uso dell'energia negli edifici, per gli edifici a uso non residenziale è obbligatoria l'installazione di sistemi automatici di regolazione di classe B (UNI EN 15232).

6.4 Requisiti minimi e prescrizioni in caso di ristrutturazione importante di secondo livello o di riqualificazione energetica

In caso di ristrutturazione importante di secondo livello o di riqualificazione energetica i requisiti da rispettare sono i seguenti:

a) Il valore della trasmittanza termica delle strutture opache verticali delimitanti il volume climatizzato verso l'esterno e verso locali non climatizzati, deve essere inferiore o uguale a quello riportato nella Tabella 6.5.

b) Il valore della trasmittanza termica delle strutture opache orizzontali o inclinate, delimitanti il volume climatizzato verso l'esterno, deve essere inferiore o uguale a quello riportato nella Tabella 6.6, con l'eccezione per la categoria E.8, se si tratta di strutture di copertura, o nella Tabella 6.7 se si tratta di strutture di pavimento.

c) Con l'eccezione per la categoria E.8, il valore massimo della trasmittanza termica per le chiusure tecniche trasparenti e opache, apribili e assimilabili, delimitanti il volume climatizzato verso l'esterno, ovvero verso ambienti non dotati di impianto di condizionamento, comprensive degli infissi e non tenendo conto della componente oscurante, deve essere inferiore o uguale a quello riportato nella Tabella 6.8. In particolar modo se tali chiusure delimitano il volume climatizzato verso l'esterno con orientamento da Est a Ovest, passando per Sud, il fattore di trasmissione di energia solare totale della componente finestrata quando la schermatura solare è utilizzata (g_{gl+sh}), deve essere inferiore o uguale a 0,35 per tutte le zone climatiche. Per i componenti finestrati disposti a Nord non ci sono vincoli.

Nel caso in cui fossero previste aree limitate di spessore ridotto, quali sottofinestre e altri componenti, i limiti devono essere rispettati con riferimento alla trasmittanza media della rispettiva facciata.

Nel caso di strutture rivolte verso il terreno, i valori limite di trasmittanza termica riportati nelle tabelle devono essere rispettati dai valori di trasmittanza termica dei pavimenti e delle pareti esterne a contatto con il terreno, che indichiamo rispettivamente con U_{bf} e U_{wf}, calcolati come indicato nel Paragrafo 1.9.

Zona climatica	U [W/m²K]	
	2015[43]	2021[44]
A e B	0,45	0,40
C	0,40	0,36
D	0,36	0,32
E	0,30	0,28
F	0,28	0,26

Tabella 6.5 – **Valori limite della trasmittanza termica delle strutture opache verticali verso l'esterno** [Fonte: decreto *requisiti minimi*, Appendice B, Paragrafo 1.1]

Zona climatica	U [W/m²K]	
	2015	2021
A e B	0,34	0,32
C	0,34	0,32
D	0,28	0,26
E	0,26	0,24
F	0,24	0,22

Tabella 6.6 – **Valori limite della trasmittanza termica delle strutture opache orizzontali o inclinate di copertura** [Fonte: decreto *requisiti minimi*, Appendice B, Paragrafo 1.1]

Zona climatica	U [W/m²K]	
	2015	2021
A e B	0,48	0,42
C	0,42	0,38
D	0,36	0,32
E	0,31	0,29
F	0,30	0,28

Tabella 6.7 – **Valori limite della trasmittanza termica delle strutture opache orizzontali di pavimento, verso l'esterno** [Fonte: decreto *requisiti minimi*, Appendice B, Paragrafo 1.1]

Zona climatica	U [W/m²K]	
	2015	2021
A e B	3,20	3,00
C	2,40	2,00
D	2,10	1,80
E	1,90	1,40
F	1,70	1,00

Tabella 6.8 – **Valori limite della trasmittanza delle chiusure tecniche trasparenti e opache e dei cassonetti, comprensivi degli infissi, verso l'esterno e verso ambienti non climatizzati** [Fonte: decreto *requisiti minimi*, Appendice B, Paragrafo 1.1]

---

[43] Dal 1 luglio 2015 per tutti gli edifici.

[44] Dal 1 gennaio 2021 per tutti gli edifici.

I valori limite si considerano comprensivi dei ponti termici all'interno delle strutture oggetto di riqualificazione (a esempio ponte termico tra finestra e muro) e di metà del ponte termico al perimetro della superficie oggetto di riqualificazione.

Solo in caso di ristrutturazione importante di secondo livello è necessario che il coefficiente globale di scambio termico per trasmissione per unità di superficie disperdente H'_T, determinato per l'intera porzione dell'involucro oggetto dell'intervento (parete verticale, copertura, solaio, serramenti, ecc.), comprensiva di tutti i componenti, su cui si è intervenuti, sia inferiore al valore massimo ammissibile riportato nella Tabella 6.9.

TIPOLOGIA DI INTERVENTO	Zona climatica				
	A e B	C	D	E	F
Ristrutturazioni importanti di secondo livello per tutte le tipologie edilizie	0,73	0,70	0,68	0,65	0,62

Tabella 6.9 – Valori limite del coefficiente globale di scambio termico
[Fonte: decreto *requisiti minimi*, Appendice A, Paragrafo 2.1]

Per gli edifici dotati di impianto termico a servizio di più unità immobiliari residenziali o assimilate, in caso di riqualificazione energetica dell'involucro edilizio, coibentazioni delle pareti o l'installazione di nuove chiusure tecniche trasparenti, apribili e assimilabili, delimitanti il volume climatizzato verso l'esterno, ovvero verso ambienti non dotati di impianto di climatizzazione, oltre al rispetto dei requisiti elencati nei punti precedenti, si aggiunge l'obbligo di installazione di valvole termostatiche, ovvero di altro sistema di termoregolazione per singolo ambiente o singola unità immobiliare, assistita da compensazione climatica del generatore. Tuttavia quest'ultima può essere omessa ove la tecnologia impiantistica preveda sistemi di controllo equivalenti o di maggiore efficienza o qualora non sia tecnicamente realizzabile.

6.5 La differenza tra ristrutturazione importante e rilevante

Per la verifica dei requisiti minimi e delle prescrizioni è necessario individuare il tipo di intervento sempre e solo tra quelli elencati nella Tabella 6.1, nonostante il D.Lgs. 3 marzo 2011, n. 28, ne definisca anche un altro: l'edificio sottoposto *a ristrutturazione rilevante*. Un intervento appartiene a questa categoria se ricade in uno dei casi che seguono:

a) edificio esistente avente superficie utile superiore a 1.000 metri quadrati, soggetto a ristrutturazione integrale degli elementi edilizi costituenti l'involucro;
b) edificio esistente soggetto a demolizione e ricostruzione anche in manutenzione straordinaria.

Per questi interventi esistono obblighi di integrazione delle fonti rinnovabili che verranno approfonditi nel Paragrafo 6.6. Un edificio sottoposto a ristrutturazione rilevante può appartenere alla categoria delle ristrutturazioni importanti di primo o secondo livello, pertanto per ogni intervento è necessario distinguere gli eventuali obblighi di integrazione delle fonti rinnovabili dalla verifica dei requisiti minimi e delle prescrizioni. Se ad esempio un edificio con superficie utile superiore a 1.000 metri quadrati è soggetto a ristrutturazione integrale degli elementi edilizi costituenti l'involucro, ma non è compresa anche la ristrutturazione degli impianti termici, l'intervento ricade sia nella categoria delle ristrutturazioni rilevanti sia in quella delle ristrutturazioni importanti di secondo livello. In questo caso per la verifica dei requisiti minimi e delle prescrizioni bisogna rispettare quelli previsti per le ristrutturazioni importanti di secondo livello, ma per quanto riguarda gli obblighi di integrazione delle fonti rinnovabili si considera come un nuovo edificio.

6.6 Obblighi di integrazione delle fonti rinnovabili per i nuovi edifici, per quelli sottoposti a ristrutturazione importante di primo livello o ristrutturazione rilevante

Nel caso di nuovi edifici, di edifici sottoposti a ristrutturazione importante di primo livello o ristrutturazione rilevante, gli impianti di produzione di energia termica devono essere progettati e realizzati in modo da garantire il contemporaneo rispetto della copertura, tramite il ricorso ad energia prodotta da impianti alimentati da fonti rinnovabili, del 50% dei consumi previsti per l'acqua calda sanitaria e delle seguenti percentuali della somma dei consumi previsti per l'acqua calda sanitaria, il riscaldamento e il raffrescamento:

a) il 20% quando la richiesta del pertinente titolo edilizio è presentata dal 31 maggio 2012 al 31 dicembre 2013;
b) il 35% quando la richiesta del pertinente titolo edilizio è presentata dal 1° gennaio 2014 al 31 dicembre 2016;

c) il 50% quando la richiesta del pertinente titolo edilizio è rilasciato dal 1° gennaio 2017.

Questi obblighi non possono essere assolti tramite impianti da fonti rinnovabili che producano esclusivamente energia elettrica la quale alimenti, a sua volta, dispositivi o impianti per la produzione di acqua calda sanitaria, il riscaldamento e il raffrescamento. Inoltre non si applicano qualora l'edificio sia allacciato ad una rete di teleriscaldamento che ne copra l'intero fabbisogno di calore per il riscaldamento degli ambienti e la fornitura di acqua calda sanitaria. La potenza elettrica degli impianti alimentati da fonti rinnovabili che devono essere obbligatoriamente installati sopra o all'interno dell'edificio o nelle relative pertinenze, misurata in kW, è calcolata secondo la seguente formula:

$$P = \frac{S}{K}$$

dove S è la superficie in pianta dell'edificio al livello del terreno, misurata in m², e K è un coefficiente (m²/kW) che è pari a 80 quando la richiesta del pertinente titolo edilizio è presentata dal 31 maggio 2012 al 31 dicembre 2013, pari a 65 quando la richiesta del pertinente titolo edilizio è presentata dal 1° gennaio 2014 al 31 dicembre 2016, e pari a 50 quando la richiesta è presentata dal 1° gennaio 2017. Per gli edifici pubblici e a uso pubblico gli obblighi visti finora sono incrementati del 10%.

In caso di utilizzo di pannelli solari termici o fotovoltaici disposti sui tetti degli edifici, i predetti componenti devono essere aderenti o integrati nei tetti medesimi, con la stessa inclinazione e lo stesso orientamento della falda.

L'impossibilità tecnica di ottemperare, in tutto o in parte, a tali obblighi deve essere evidenziata dal progettista nella relazione tecnica, descrivendo accuratamente i motivi di non applicabilità di tutte le diverse opzioni tecnologiche disponibili, ma in tal caso è obbligatorio ottenere un indice di prestazione energetica complessiva dell'edificio (I) che risulti inferiore rispetto al pertinente indice di prestazione energetica complessiva reso obbligatorio ai sensi del D.Lgs. 192/2005 e successivi provvedimenti attuativi (I_{192}) nel rispetto della seguente formula:

$$I \le I_{192} \times \left[\frac{1}{2} + \frac{\frac{\%_{effettiva}}{\%_{obbligo}} + \frac{P_{effettiva}}{P_{obbligo}}}{4}\right]$$

dove:
$\%_{effettiva}$ è il valore della percentuale effettivamente raggiunta dall'intervento;
$\%_{obbligo}$ è il valore della percentuale della somma dei consumi previsti per l'acqua calda sanitaria, il riscaldamento e il raffrescamento che deve essere coperta tramite fonti rinnovabili;
$P_{effettiva}$ è il valore della potenza elettrica degli impianti alimentati da fonti rinnovabili effettivamente installata sull'edificio;
$P_{obbligo}$ è il valore della potenza elettrica degli impianti alimentati da fonti rinnovabili che devono essere obbligatoriamente installati.

6.7 Requisiti per generatori di calore a combustibile liquido e gassoso

Il rendimento di generazione utile minimo, riferito al potere calorifico inferiore, per caldaie a combustibile liquido e gassoso è pari a $90 + 2 \, log \, P_n$, dove $log \, P_n$ è il logaritmo in base 10 della potenza utile nominale del generatore, espressa in kW. Per valori di P_n maggiori di 400 kW si applica il limite massimo corrispondente a 400 kW. Qualora, nella mera sostituzione del generatore, per garantire la sicurezza, non fosse possibile rispettare le condizioni suddette, in particolare nel caso in cui il sistema fumario per l'evacuazione dei prodotti della combustione sia al servizio di più utenze e sia di tipo collettivo ramificato, si applicano le seguenti prescrizioni:

a) installazione di caldaie che abbiano rendimento termico utile a carico parziale pari al 30 per cento della potenza termica utile nominale maggiore o uguale a $85 + 3 \, log \, P_n$, dove $log \, P_n$ è il logaritmo in base 10 della potenza utile nominale del generatore o dei generatori di calore al servizio del singolo impianto termico, espressa in kW. Per valori di P_n maggiori di 400 kW si applica il limite massimo corrispondente a 400 kW;
b) in alternativa alla lettera a), installazione di apparecchio avente efficienza energetica stagionale di riscaldamento ambiente (η_s) conforme a quanto previsto dal Regolamento UE n. 813/2013;

c) predisposizione di una dettagliata relazione che attesti i motivi dell'impossibilità di ottenere il rendimento di generazione utile minimo, da allegare al libretto di impianto.

6.8 Requisiti per pompe di calore e macchine frigorifere

I requisiti minimi e le condizioni di prova per pompe di calore elettriche per il servizio riscaldamento (macchine reversibili e non) sono elencati nella Tabella 6.10. In fase di riscaldamento la prestazione di una pompa di calore è descritta dal COP (*coefficient of performance*), un parametro che rappresenta, con un semplice numero, il rapporto tra il calore utile fornito dalla pompa di calore e l'energia utilizzata per estrarre questo calore. È un parametro variabile in base alla tipologia di pompa di calore e alla differenza di temperatura tra la fonte di calore e l'ambiente da scaldare, per questa ragione il calcolo del COP viene realizzato in condizioni standard di prova, con la pompa funzionante a pieno regime e con livelli di temperature prestabiliti. Raramente però nell'uso reale accade che le pompe di calore funzionino con le temperature di prova e al 100% della potenza nominale. Più spesso infatti lavorano a carichi parziali, in cui cambiano le condizioni di evaporazione e di condensazione, che consentono di ottenere valori di COP superiori ai COP nominali. Un COP pari a 4 significa che, per ogni kWh elettrico speso, la pompa di calore ne fornisce ben 4 sotto forma di energia termica.

Tipo di pompa di calore Ambiente esterno/interno	Ambiente esterno [°C]	Ambiente interno [°C]	COP
aria/aria	Bulbo secco all'entrata: 7 Bulbo umido all'entrata: 6	Bulbo secco all'entrata: 20 Bulbo umido all'entrata: 15	3,5
aria/acqua potenza termica utile riscaldamento ≤ 35 kW	Bulbo secco all'entrata: 7 Bulbo umido all'entrata: 6	Bulbo secco all'entrata: 30 Bulbo umido all'entrata: 35	3,8
aria/acqua potenza termica utile riscaldamento ≥ 35 kW	Bulbo secco all'entrata: 7 Bulbo umido all'entrata: 6	Bulbo secco all'entrata: 30 Bulbo umido all'entrata: 35	3,5
salamoia/aria	Temperatura entrata: 0	Bulbo secco all'entrata: 20 Bulbo umido all'entrata: 15	4,0
salamoia/acqua	Temperatura entrata: 0	Temperatura entrata: 30 Temperatura uscita: 35	4,0
acqua/aria	Temperatura entrata: 15 Temperatura uscita: 12	Bulbo secco all'entrata: 20 Bulbo umido all'entrata: 15	4,2
acqua/acqua	Temperatura entrata: 10	Temperatura entrata: 30 Temperatura uscita: 35	4,2

Tabella 6.10 – Requisiti minimi e condizioni di prova per pompe di calore elettriche per il servizio riscaldamento [Fonte: decreto *requisiti minimi*, Appendice B, Paragrafo 1.3.2]

I requisiti minimi e le condizioni di prova per pompe di calore elettriche per il servizio raffrescamento (macchine reversibili e non) sono elencati nella Tabella 6.11. In fase di raffreddamento la prestazione di una pompa di calore è descritta dall'EER (*energy efficiency ratio*), la sua formulazione è analoga al COP con l'unica differenza che l'EER, riferendosi ai cicli frigoriferi, pone la sua attenzione sul calore asportato dalla sorgente fredda. In Fisica Tecnica esso è indicato come coefficiente di effetto utile per cicli frigoriferi. Per le macchine elettriche con azionamento a velocità variabile i requisiti indicati finora possono essere ridotti del 5%, sia per il servizio riscaldamento sia raffrescamento.

Tipo di pompa di calore Ambiente esterno/interno	Ambiente esterno [°C]	Ambiente interno [°C]	EER
aria/aria	Bulbo secco all'entrata: 35 Bulbo umido all'entrata: 24	Bulbo secco all'entrata: 27 Bulbo umido all'entrata: 19	3,0
aria/acqua potenza termica utile riscaldamento ≤ 35 kW	Bulbo secco all'entrata: 35 Bulbo umido all'entrata: 24	Temperatura entrata: 23 Temperatura uscita: 18	3,5
aria/acqua potenza termica utile riscaldamento ≥ 35 kW	Bulbo secco all'entrata: 35 Bulbo umido all'entrata: 24	Temperatura entrata: 23 Temperatura uscita: 18	3,0
salamoia/aria	Temperatura entrata: 30 Temperatura uscita: 35	Bulbo secco all'entrata: 27 Bulbo umido all'entrata: 19	4,0
salamoia/acqua	Temperatura entrata: 30 Temperatura uscita: 35	Temperatura entrata: 23 Temperatura uscita: 18	4,0
acqua/aria	Temperatura entrata: 30 Temperatura uscita: 35	Bulbo secco all'entrata: 27 Bulbo umido all'entrata: 19	4,0
acqua/acqua	Temperatura entrata: 30 Temperatura uscita: 35	Temperatura entrata: 23 Temperatura uscita: 18	4,2

Tabella 6.11 – Requisiti minimi e condizioni di prova per pompe di calore elettriche per il servizio raffrescamento
[Fonte: decreto *requisiti minimi*, Appendice B, Paragrafo 1.3.2]

I requisiti e le condizioni di prova per le pompe di calore ad assorbimento ed endotermiche per il servizio riscaldamento (macchine reversibili e non) sono elencati nella Tabella 6.12. L'efficienza delle pompe di calore ad assorbimento ed endotermiche si misura con il GUE *(gas utilization efficiency)*, che è il rapporto tra l'energia fornita (calore ceduto al mezzo da riscaldare) ed energia consumata dal bruciatore.

Il GUE è variabile in funzione del tipo di pompa di calore e delle condizioni di funzionamento ed ha, in genere, valori intorno a 1,5. Questo vuol dire che per 1 kWh di gas consumato fornirà 1,5 kWh di calore al mezzo da riscaldare. Una pompa di calore a gas può funzionare fino a temperature dell'aria di -20 °C, fornendo un'efficienza ancora intorno a 1, paragonabile a quella di una caldaia a condensazione.

Se le pompe di calore ad assorbimento ed endotermiche sono utilizzate per il servizio di raffrescamento il requisito minimo di EER è pari a 0,6.

Tipo di pompa di calore Ambiente esterno/interno	Ambiente esterno [°C]	Ambiente interno [°C]	GUE
aria/aria	Bulbo secco all'entrata: 7 Bulbo umido all'entrata: 6	Bulbo secco all'entrata: 20	1,38
aria/acqua	Bulbo secco all'entrata: 7 Bulbo umido all'entrata: 6	Temperatura entrata: 30 (*)	1,30
salamoia/aria	Temperatura entrata: 0	Bulbo secco all'entrata: 20	1,45
salamoia/acqua	Temperatura entrata: 0	Temperatura entrata: 30 (*)	1,40
acqua/aria	Temperatura entrata: 10	Bulbo secco all'entrata: 20	1,50
acqua/acqua	Temperatura entrata: 10	Temperatura entrata: 30 (*)	1,45

(*) Δt : pompe di calore ad assorbimento 30-40°C - pompe di calore a motore endotermico 30-35°C

Tabella 6.12 – Requisiti e condizioni di prova per le pompe di calore ad assorbimento ed endotermiche per il servizio riscaldamento
[Fonte: decreto *requisiti minimi*, Appendice B, Paragrafo 1.3.2]

6.9 Requisiti e prescrizioni per la riqualificazione di impianti termici di potenza nominale del generatore maggiore o uguale a 100 kW

Nel caso di ristrutturazione o di nuova installazione di impianti termici di potenza termica nominale del generatore maggiore o uguale a 100 kW, ivi compreso il distacco dall'impianto centralizzato anche di un solo utente/condomino, deve essere realizzata una diagnosi energetica dell'edificio e dell'impianto che metta a confronto le diverse soluzioni impiantistiche compatibili e la loro efficacia sotto il profilo dei costi complessivi (investimento, esercizio e manutenzione). La soluzione progettuale prescelta deve essere motivata nella relazione tecnica, sulla base dei risultati della diagnosi. La diagnosi energetica deve considerare, in modo vincolante ma non esaustivo, almeno le seguenti opzioni:

b) impianto centralizzato dotato di caldaia a condensazione con contabilizzazione e termoregolazione del calore per singola unità abitativa;

c) impianto centralizzato dotato di pompa di calore elettrica o a gas con contabilizzazione e termoregolazione del calore per singola unità abitativa;
d) le possibili integrazioni dei suddetti impianti con impianti solari termici;
e) impianto centralizzato di cogenerazione;
f) stazione di teleriscaldamento collegata a una rete efficiente come definita al D.Lgs. 102/2014;
g) per gli edifici non residenziali, l'installazione di sistemi automatici di regolazione di classe B (UNI EN 15232).

6.10 Requisiti e prescrizioni per la riqualificazione di impianti di climatizzazione invernale

Fermo restando il rispetto dei requisiti minimi definiti dai regolamenti comunitari emanati ai sensi delle direttive 2009/125/CE e 2010/30/UE, nel caso di nuova installazione di impianti termici di climatizzazione invernale in edifici esistenti, o ristrutturazione dei medesimi impianti o di sostituzione dei generatori di calore, compresi gli impianti a sistemi ibridi, si applica quanto previsto di seguito:

a) calcolo dell'efficienza media stagionale dell'impianto termico di riscaldamento e verifica che la stessa risulti superiore a quella dell'edificio di riferimento;
b) installazione di sistemi di regolazione per singolo ambiente o per singola unità immobiliare, assistita da compensazione climatica;
c) nel caso degli impianti a servizio di più unità immobiliari, installazione di un sistema di contabilizzazione diretta o indiretta del calore che permetta la ripartizione dei consumi per singola unità immobiliare;
d) nel caso di sostituzione di generatori di calore, si intendono rispettate tutte le disposizioni vigenti in tema di uso razionale dell'energia, incluse quelle di cui alla lettera a), qualora coesistano le seguenti condizioni:
  i. i nuovi generatori di calore a combustibile gassoso o liquido abbiano un rendimento termico utile nominale non inferiore a quello indicato al Paragrafo 6.8.
  ii. le nuove pompe di calore elettriche o a gas abbiano un coefficiente di prestazione (COP o GUE) non inferiore ai valori riportati al Paragrafo 6.8;
  iii. nel caso di installazioni di generatori con potenza nominale del focolare maggiore del valore preesistente di oltre il 10%, l'aumento di potenza sia

motivato con la verifica dimensionale dell'impianto di riscaldamento condotto secondo la norma UNI EN 12831;

iv. nel caso di installazione di generatori di calore in impianti a servizio di più unità immobiliari, o di edifici adibiti a uso non residenziale siano presenti un sistema di regolazione per singolo ambiente o per singola unità immobiliare, assistita da compensazione climatica, e un sistema di contabilizzazione diretta o indiretta del calore che permetta la ripartizione dei consumi per singola unità immobiliare.

6.11 Requisiti e prescrizioni per la riqualificazione di impianti di climatizzazione estiva

Fermo restando il rispetto dei requisiti minimi definiti dai regolamenti comunitari emanati ai sensi delle direttive 2009/125/CE e 2010/30/UE, nel caso di nuova installazione di impianti termici di climatizzazione estiva in edifici esistenti, o ristrutturazione dei medesimi impianti o di sostituzione delle macchine frigorifere dei generatori, si applica quanto previsto di seguito:

a) calcolo dell'efficienza globale media stagionale dell'impianto di climatizzazione estiva e verifica che la stessa risulti superiore al valore limite calcolato per l'edificio di riferimento;
b) installazione, ove tecnicamente possibile, di sistemi di regolazione per singolo ambiente e di sistemi di contabilizzazione diretta o indiretta del calore che permetta la ripartizione dei consumi per singola unità immobiliare;
c) nel caso di sostituzione di macchine frigorifere, si intendono rispettate tutte le disposizioni vigenti in tema di uso razionale dell'energia, incluse quelle di cui alle lettera a), qualora coesistano le seguenti condizioni:
  i. le nuove macchine frigorifere elettriche o a gas, con potenza utile nominale maggiore di 12 kW, abbiano un indice di efficienza energetica non inferiore a valori riportati al Paragrafo 6.8;
  ii. nel caso di installazione di macchine frigorifere a servizio di più unità immobiliari, o di edifici adibiti a uso non residenziale siano presenti un sistema di regolazione per singolo ambiente o per singola unità immobiliare, e un sistema di contabilizzazione diretta o indiretta del calore che permetta la ripartizione dei consumi per singola unità immobiliare.

6.12 Requisiti e prescrizioni per la riqualificazione di impianti tecnologici idrico-sanitari

Fermo restando il rispetto dei requisiti minimi definiti dai regolamenti comunitari emanati ai sensi della direttive 2009/125/CE e 2010/30/UE, nel caso di nuova installazione di impianti tecnologici idrico-sanitari destinati alla produzione di acqua calda sanitaria, in edifici esistenti, o ristrutturazione dei medesimi impianti, si procede al calcolo dell'efficienza globale media stagionale dell'impianto tecnologico idrico-sanitario e alla verifica che la stessa risulti superiore al valore limite calcolato utilizzando i valori delle efficienze fornite nel Paragrafo 5.3 per l'edificio di riferimento. Nel caso di sostituzione di generatori di calore destinati alla produzione dell'acqua calda sanitaria devono essere rispettati i requisiti minimi definiti al Paragrafo 6.10 lettera d), per la corrispondente tipologia impiantistica. Fermo restando il rispetto dei requisiti minimi definiti dai regolamenti comunitari suddetti, le precedenti indicazioni non si applicano nel caso di installazione o sostituzione di scaldacqua unifamiliari.

6.13 Requisiti e prescrizioni per la riqualificazione di impianti di illuminazione

Nelle more dei risultati dello studio indicato nel Paragrafo 5.4, per tutte la categorie di edifici, con l'esclusione della categoria E.1, (fatta eccezione per collegi, conventi, case di pena, caserme, alberghi, pensioni ed attività similari) in caso di sostituzione di singoli apparecchi di illuminazione, i nuovi apparecchi devono rispettare i requisiti minimi definiti dai regolamenti comunitari emanati ai sensi della direttive 2009/125/CE e 2010/30/UE. I nuovi apparecchi devono avere almeno le stesse caratteristiche tecnico funzionali di quelli sostituiti e permettere il rispetto dei requisiti normativi d'impianto previsti dalle norme UNI e CEI vigenti.

6.14 Requisiti e prescrizioni per la riqualificazione di impianti di ventilazione

In caso di nuova installazione, sostituzione o riqualificazione di impianti di ventilazione, i nuovi apparecchi devono rispettare i requisiti minimi definiti dai regolamenti comunitari emanati ai sensi della direttive 2009/125/CE e 2010/30/UE. I nuovi apparecchi devono avere almeno le stesse caratteristiche tecnico funzionali di quelli sostituiti e permettere il rispetto dei requisiti normativi d'impianto previsti dalle norme UNI e CEI vigenti.

6.15 Edifici a energia quasi zero (NZEB - Nearly Zero Energy Building)

Come già anticipato nell'Introduzione, gli *edifici a energia quasi zero* hanno un fabbisogno energetico molto basso o quasi nullo, che deve essere coperto in misura molto significativa da fonti rinnovabili, compresa l'energia da fonti rinnovabili prodotta in loco o nelle vicinanze. In Italia possono essere classificati *edifici a energia quasi zero* tutti gli edifici, siano essi di nuova costruzione o esistenti, per cui sono contemporaneamente:

a) rispettati tutti i requisiti elencati nei punti a), b), c) e d) del Paragrafo 6.3, con i valori vigenti dal 1° gennaio 2019 per gli edifici pubblici e a uso pubblico e dal 1° gennaio 2021 per tutti gli altri;
b) previsti impianti di produzione di energia termica che garantiscano il contemporaneo rispetto della copertura del 50% della somma dei consumi previsti per l'acqua sanitaria, il riscaldamento e il raffrescamento, tramite il ricorso ad energia prodotta da impianti alimentati da fonti rinnovabili.

7 La classificazione energetica dell'edificio

7.1 La scala di classificazione

La scala di classificazione della prestazione energetica degli edifici è composta di 10 classi: A4, A3, A2, A1, B, C, D, E, F, G (dalla più efficiente alla meno efficiente) e viene determinata tramite l'indice di prestazione energetica globale dell'edificio in termini di energia primaria non rinnovabile $EP_{gl,nren}$, che comprende:

- la climatizzazione invernale ($EP_{H,nren}$)
- la climatizzazione estiva ($EP_{C,nren}$)
- la produzione di acqua calda sanitaria ($EP_{W,nren}$)
- la ventilazione ($EP_{V,nren}$)
- l'illuminazione artificiale ($EP_{L,nren}$)
- il trasporto di persone o cose ($EP_{T,nren}$)

L'indice $EP_{gl,nren}$ si determina quindi come somma dei singoli servizi energetici effettivamente presenti nell'edificio in esame ed è espresso in kWh/m²anno in relazione alla superficie utile di riferimento. Il calcolo degli indici di prestazione energetica per l'illuminazione artificiale e per il trasporto di persone o cose non è obbligatorio per gli edifici di categoria E.1 (fatta eccezione per collegi, conventi, case di pena, caserme, alberghi, pensioni ed attività similari).

Ai sensi del Paragrafo 1.1 dell'Allegato 1 del decreto *requisiti minimi*, è consentito inoltre tenere conto dell'energia da fonte rinnovabile o da cogenerazione prodotta nell'ambito del confine del sistema (in situ) alle seguenti condizioni:

i. solo per contribuire ai fabbisogni del medesimo vettore energetico (elettricità con elettricità, energia termica con energia termica, etc.);
ii. fino a copertura totale del corrispondente fabbisogno o vettore energetico utilizzato per i servizi considerati nella prestazione energetica. L'eccedenza

di energia rispetto al fabbisogno mensile, prodotta in situ e che viene esportata, non concorre alla prestazione energetica dell'edificio. In relazione alla cogenerazione, l'energia utilizzata dal cogeneratore viene allocata all'energia elettrica e termica prodotta dallo stesso secondo quanto indicato nel Paragrafo 6.3, al punto a) delle prescrizioni da rispettare;

iii. nel calcolo del fabbisogno energetico annuale globale, fatto salvo quanto previsto al punto ii, l'eventuale energia elettrica prodotta da fonte rinnovabile in eccedenza ed esportata in alcuni mesi, non può essere computata a copertura del fabbisogno nei mesi nei quali la produzione sia invece insufficiente;

iv. l'energia elettrica prodotta da fonte rinnovabile non può essere conteggiata ai fini del soddisfacimento di consumi elettrici per la produzione di calore con effetto Joule. A titolo di esempio indicativo ma non esaustivo, l'energia elettrica prodotta da fonte rinnovabile in situ (per esempio, fotovoltaico) può essere conteggiata per contribuire al soddisfacimento dei seguenti fabbisogni energetici dell'edificio:

- in caso di riscaldamento e/o produzione di acqua calda sanitaria con l'utilizzo di una caldaia, fino a copertura dei consumi di energia elettrica per gli ausiliari;

- in caso di riscaldamento e/o raffrescamento e/o produzione di acqua calda sanitaria con l'utilizzo di una pompa di calore elettrica, fino a copertura di tutti i consumi elettrici relativi all'utilizzo di tale macchina a esclusione dell'energia assorbita da eventuali resistenze di integrazione alla produzione di calore utile per l'impianto;

- in caso di impianto di ventilazione meccanica controllata, fino alla copertura dei consumi relativi agli ausiliari elettrici;

- nel settore non residenziale, fino a copertura anche dei consumi per l'illuminazione.

v. nel caso di impianti di generazione da fonte rinnovabile centralizzati, ovvero che alimentino una pluralità di utenze, oppure nel caso di impianti di generazione da fonte rinnovabile che contribuiscano per servizi diversi, per ogni intervallo di calcolo si attribuiscono quote di energia rinnovabile per ciascun servizio e per ciascuna unità immobiliare in proporzione ai rispettivi fabbisogni termici all'uscita dei sistemi di generazione ovvero ai rispettivi fabbisogni elettrici.

L'indice di prestazione energetica globale dell'edificio in termini di energia primaria non rinnovabile $EP_{gl,nren}$ deve essere confrontato con quello calcolato su un edificio di riferimento, che indichiamo con $EP_{gl,nren,rif,standard(2019/21)}$, avente le caratteristiche elencate nel Capitolo 5. L'attribuzione della classe viene effettuata utilizzando la Tabella 7.1, come nell'esempio seguente: supponiamo che l'indice di prestazione energetica globale di un edificio reale in termini di energia primaria non rinnovabile $EP_{gl,nren}$ sia pari a 65 kWh/m²anno e che l'indice calcolato sull'edificio di riferimento $EP_{gl,nren,rif,standard(2019/21)}$ sia pari a 100 kWh/m²anno. L'edificio reale è in classe A2 perché dividendo 65 per 100 otteniamo 0,65 pertanto $EP_{gl,nren}$ è compreso tra 0,60 e 0,80 $EP_{gl,nren,rif,standard(2019/21)}$.

	Classe A4	≤ 0,40 $EP_{gl,nren,rif,standard(2019/21)}$
0,40 $EP_{gl,nren,rif,standard(2019/21)}$ <	Classe A3	≤ 0,60 $EP_{gl,nren,rif,standard(2019/21)}$
0,60 $EP_{gl,nren,rif,standard(2019/21)}$ <	Classe A2	≤ 0,80 $EP_{gl,nren,rif,standard(2019/21)}$
0,80 $EP_{gl,nren,rif,standard(2019/21)}$ <	Classe A1	≤ 1,00 $EP_{gl,nren,rif,standard(2019/21)}$
1,00 $EP_{gl,nren,rif,standard(2019/21)}$ <	Classe B	≤ 1,20 $EP_{gl,nren,rif,standard(2019/21)}$
1,20 $EP_{gl,nren,rif,standard(2019/21)}$ <	Classe C	≤ 1,50 $EP_{gl,nren,rif,standard(2019/21)}$
1,50 $EP_{gl,nren,rif,standard(2019/21)}$ <	Classe D	≤ 2,00 $EP_{gl,nren,rif,standard(2019/21)}$
2,00 $EP_{gl,nren,rif,standard(2019/21)}$ <	Classe E	≤ 2,60 $EP_{gl,nren,rif,standard(2019/21)}$
2,60 $EP_{gl,nren,rif,standard(2019/21)}$ <	Classe F	≤ 3,50 $EP_{gl,nren,rif,standard(2019/21)}$
	Classe G	> 3,50 $EP_{gl,nren,rif,standard(2019/21)}$

Tabella 7.1 – Attribuzione della classe energetica
[Fonte: decreto *linee guida*, Allegato 1, Paragrafo 5.1]

Un edificio di progetto o reale con i requisiti minimi di legge in vigore dal 1° gennaio 2019 per gli edifici pubblici e a uso pubblico e dal 1° gennaio 2021 per tutti gli altri si trova al limite di separazione tra le classi A1 e B.

7.2 Altri indicatori presenti nell'APE

Oltre alla classe energetica basata sull'indice di prestazione energetica globale non rinnovabile, nell'APE sono presenti la prestazione energetica invernale ed estiva dell'involucro, al netto del rendimento degli impianti presenti. Tali informazioni devono essere fornite nella prima pagina dell'APE sotto forma di un indicatore grafico del livello di qualità, di seguito la tabella per la classificazione della prestazione invernale:

Prestazione invernale dell'involucro	Qualità	Indicatore
$EP_{H,nd} \leq 1 \times EP_{H,nd,limite(2019/21)}$	alta	☺
$1 \times EP_{H,nd,limite(2019/21)} < EP_{H,nd} \leq 1,7 \times EP_{H,nd,limite(2019/21)}$	media	😐
$EP_{H,nd} > 1,7 \times EP_{H,nd,limite(2019/21)}$	bassa	☹

Tabella 7.2 – Prestazione invernale dell'involucro
[Fonte: decreto *linee guida*, Allegato 1, Paragrafo 5.2.1]

$EP_{H,nd}$ è l'indice di prestazione termica utile per il riscaldamento e $EP_{H,nd,limite(2019/21)}$ lo stesso indice calcolato sull'edificio di riferimento. Entrambi sono espressi in kWh/m² per tutte le destinazioni d'uso.

Ai fini del calcolo della prestazione estiva dell'involucro dobbiamo prendere il valore medio pesato di Y_{IE} di tutti gli elementi, con l'esclusione delle superfici verticali esposte a Nord. Nel caso di edifici con esposizione esclusivamente a Nord delle superfici verticali la trasmittanza termica periodica è posta pari a 0,14. Di seguito la tabella per la classificazione della prestazione estiva:

Prestazione estiva dell'involucro		Qualità	Indicatore
$A_{solo,est}/A_{sup\,utile} \leq 0,03$	$Y_{IE} \leq 0,14$	alta	☺
$A_{solo,est}/A_{sup\,utile} \leq 0,03$	$Y_{IE} > 0,14$	media	😐
$A_{solo,est}/A_{sup\,utile} > 0,03$	$Y_{IE} \leq 0,14$		
$A_{solo,est}/A_{sup\,utile} > 0,03$	$Y_{IE} > 0,14$	bassa	☹

Tabella 7.3 – Prestazione estiva dell'involucro
[Fonte: decreto *linee guida*, Allegato 1, Paragrafo 5.2.1]

7.3 Edifici senza impianti di climatizzazione invernale e/o di produzione di acqua calda sanitaria

Come già anticipato nel Paragrafo 7.1, il calcolo della prestazione energetica si basa sui servizi effettivamente presenti in un edificio, tuttavia gli impianti di climatizzazione invernale e, nel solo settore residenziale, di produzione di acqua calda sanitaria si considerano sempre presenti, pertanto in caso di loro assenza per calcolare l'indice di prestazione energetica si deve simulare la presenza degli impianti standard elencati nella Tabella 5.9, come indicato nel Paragrafo 2.1, Allegato 1, del decreto *linee guida*.

7.4 Casi di esclusione dall'obbligo di dotazione dell'APE

Sono esclusi dall'obbligo di dotazione dell'attestato di prestazione energetica i seguenti casi:

a) i fabbricati isolati con una superficie utile totale inferiore a 50 metri quadrati (art. 3, c. 3, lett. d) del decreto legislativo);
b) edifici industriali e artigianali quando gli ambienti sono riscaldati o raffrescati per esigenze del processo produttivo o utilizzando reflui energetici del processo produttivo non altrimenti utilizzabili (art. 3, c. 3, lett. b) del decreto legislativo) ovvero quando il loro utilizzo e/o le attività svolte al loro interno non ne prevedano il riscaldamento o la climatizzazione;
c) gli edifici agricoli, o rurali, non residenziali, sprovvisti di impianti di climatizzazione (art. 3, c. 3, lett. c) del decreto legislativo);
d) gli edifici che risultano non compresi nelle categorie di edifici classificati sulla base della destinazione d'uso di cui all'articolo 3, DPR 26.8.1993, n. 412, il cui utilizzo standard non prevede l'installazione e l'impiego di sistemi tecnici, quali box, cantine, autorimesse, parcheggi multipiano, depositi, strutture stagionali a protezione degli impianti sportivi, (art. 3, c. 3, lett. e) del decreto legislativo). L'attestato di prestazione energetica è, peraltro, richiesto con riguardo alle porzioni eventualmente adibite ad uffici e assimilabili, purché scorporabili ai fini della valutazione di efficienza energetica (art. 3, c. 3-ter, del decreto legislativo);
e) gli edifici adibiti a luoghi di culto e allo svolgimento di attività religiose, (art. 3, c. 3, lett. f) del decreto legislativo);
f) i ruderi, purché tale stato venga espressamente dichiarato nell'atto notarile;

g) i fabbricati in costruzione per i quali non si disponga dell'abitabilità o dell'agibilità al momento della compravendita, purché tale stato venga espressamente dichiarato nell'atto notarile. In particolare si fa riferimento:

- agli immobili venduti nello stato di "scheletro strutturale", cioè privi di tutte le pareti verticali esterne o di elementi dell'involucro edilizio;

- agli immobili venduti "al rustico", cioè privi delle rifiniture e degli impianti tecnologici;

l) i manufatti, comunque, non riconducibili alla definizione di edificio dettata dall'art. 2 lett. a) del decreto legislativo (manufatti cioè non qualificabili come "sistemi costituiti dalle strutture edilizie esterne che delimitano uno spazio di volume definito, dalle strutture interne che ripartiscono detto volume e da tutti gli impianti e dispositivi tecnologici che si trovano stabilmente al suo interno") (ad esempio: una piscina all'aperto, una serra non realizzata con strutture edilizie, ecc.).

Per le lettere da f) a l), resta fermo l'obbligo di presentazione, prima dell'inizio dei lavori di completamento, di una nuova relazione tecnica di progetto attestante il rispetto delle norme per l'efficienza energetica degli edifici in vigore alla data di presentazione della richiesta del permesso di costruire, o denuncia di inizio attività, comunque denominato, che, ai sensi di quanto disposto al Paragrafo 2.2 dell'Allegato 1 del decreto requisiti minimi, il proprietario dell'edificio, o chi ne ha titolo, deve depositare presso le amministrazioni competenti contestualmente alla denuncia dell'inizio dei lavori.

Appendice A: Individuazione della zona climatica e dei gradi giorno (art. 2 DPR 26 agosto 1993 n. 412)

1. Il territorio nazionale è suddiviso nelle seguenti sei zone climatiche in funzione dei gradi - giorno[45], indipendentemente dalla ubicazione geografica:

    Zona A: comuni che presentano un numero di gradi-giorno non superiore a 600;
    Zona B: comuni che presentano un numero di gradi - giorno maggiore di 600 e non superiore a 900;
    Zona C: comuni che presentano un numero di gradi - giorno maggiore di 900 e non superiore a 1.400;
    Zona D: comuni che presentano un numero di gradi - giorno maggiore di 1.400 e non superiore a 2.100;
    Zona E: comuni che presentano un numero di gradi - giorno maggiore di 2.100 e non superiore a 3.000;
    Zona F: comuni che presentano un numero di gradi - giorno maggiore di 3.000.

2. La tabella in Allegato A, ordinata per regioni e province, riporta per ciascun comune l'altitudine della casa comunale, i gradi giorno e la zona climatica di appartenenza. Detta tabella può essere modificata ed integrata, con decreto del Ministro dell'Industria del Commercio e dell'Artigianato, anche in relazione all'istituzione di nuovi comuni o alle modificazioni dei territori comunali, avvalendosi delle competenze tecniche dell'Enea ed in conformità ad eventuali metodologie che verranno fissate dall'UNI.
3. I comuni comunque non indicati nell'Allegato A o nelle sue successive modificazioni ed integrazioni adottano, con provvedimento del Sindaco, i gradi giorno riportati nella tabella suddetta per il comune più vicino in linea d'aria, sullo stesso versante, rettificati, in aumento o in diminuzione, di una quantità pari ad un

---

[45] Secondo la norma UNI EN ISO 15927-6:2008 per gradi-giorno di una località s'intende la somma, estesa a tutti i giorni di un periodo annuale convenzionale di riscaldamento, delle sole differenze positive giornaliere tra la temperatura dell'ambiente, fissata convenzionalmente per ogni nazione, e il valore medio mensile della temperatura media giornaliera dell'aria esterna definito nella norma UNI 10349-1. In Italia i valori massimi della temperatura ambiente sono regolati dall'art. 3 del DPR 16 aprile 2013, n. 74 (vedi Appendice B).

centesimo del numero di giorni di durata convenzionale del periodo di riscaldamento di cui all'art. 9 comma 2 per ogni metro di quota sul livello del mare in più o in meno rispetto al comune di riferimento. Il provvedimento è reso noto dal Sindaco agli abitanti del comune con pubblici avvisi entro 5 giorni dall'adozione del provvedimento stesso e deve essere comunicato al Ministero dell'Industria, del Commercio e dell'Artigianato ed all'Enea ai fini delle successive modifiche dell'Allegato A.

4. I Comuni aventi porzioni edificate del proprio territorio a quota superiore rispetto alla quota della casa comunale, quota indicata nell'Allegato A, qualora detta circostanza, per effetto della rettifica dei gradi giorno calcolata secondo le indicazioni di cui al comma 3, comporti variazioni della zona climatica, possono, mediante provvedimento del Sindaco, attribuire esclusivamente a dette porzioni del territorio una zona climatica differente da quella indicata in Allegato A. Il provvedimento deve essere notificato al Ministero dell'Industria, del Commercio e dell'Artigianato e all'Enea e diventa operativo qualora entro 90 giorni dalla notifica di cui sopra non pervenga un provvedimento di diniego ovvero un provvedimento interruttivo del decorso del termine da parte del Ministero dell'Industria, del Commercio e dell'Artigianato. Una volta operativo il provvedimento viene reso noto dal Sindaco agli abitanti mediante pubblici avvisi e comunicato per conoscenza alla regione ed alla provincia di appartenenza.

Appendice B: Valori di temperatura interna

Per valutazioni sul progetto o standard si assumono i seguenti valori di temperatura interna per la climatizzazione invernale:

- 28 °C per gli edifici di categoria E.6(1);
- 18 °C per gli edifici di categoria E.6(2) e E.8;
- 20 °C per tutte le altre categorie di edifici;

E i seguenti per la climatizzazione estiva:

- 28 °C per gli edifici di categoria E.6(1);
- 24 °C per gli edifici di categoria E.6(2);
- 26 °C per tutte le altre categorie di edifici.

Per gli edifici confinanti si assumono invece i seguenti valori di temperatura interna per la climatizzazione invernale:

- temperatura dipendente dalla destinazione d'uso, se nota, per edifici confinanti e per singole unità immobiliari dotati di impianto di climatizzazione invernale;
- 20 °C, se la destinazione d'uso non è nota, per edifici confinanti e per singole unità immobiliari dotati di impianto di climatizzazione invernale;
- calcolo numerico per edifici o ambienti confinanti non climatizzati (magazzini, autorimesse, cantinati, vano scale, etc.), come indicato nel Paragrafo 2.6.

E i seguenti per la climatizzazione estiva:

- temperatura dipendente dalla destinazione d'uso, se nota, se l'edificio adiacente è climatizzato;
- temperatura pari a 26 °C, se la destinazione d'uso non è nota, se l'edificio adiacente è climatizzato;

- calcolo numerico per edifici o ambienti confinanti non climatizzati (magazzini, autorimesse, cantinati, vano scale, etc.), come indicato nel Paragrafo 2.6.

Per tutte le categorie di edifici si assume una umidità relativa interna pari al 50%, indipendentemente dal periodo considerato.

Oltre ai calcoli finalizzati alle valutazioni sul progetto o standard esistono valori di temperatura massimi e minimi ammissibili, regolati dall'art. 3 del DPR 16 aprile 2013, n. 74, che riportiamo integralmente qui di seguito:

1. Durante il funzionamento dell'impianto di climatizzazione invernale, la media ponderata delle temperature dell'aria, misurate nei singoli ambienti riscaldati di ciascuna unità immobiliare, non deve superare:

   a) 18°C + 2°C di tolleranza per gli edifici adibiti ad attività industriali, artigianali e assimilabili;
   b) 20°C + 2°C di tolleranza per tutti gli altri edifici.

2. Durante il funzionamento dell'impianto di climatizzazione estiva, la media ponderata delle temperature dell'aria, misurate nei singoli ambienti raffrescati di ciascuna unità immobiliare, non deve essere minore di 26°C - 2°C di tolleranza per tutti gli edifici.

3. Il mantenimento della temperatura dell'aria negli ambienti entro i limiti fissati ai commi 1 e 2 è ottenuto con accorgimenti che non comportino spreco di energia.

4. Gli edifici adibiti a ospedali, cliniche o case di cura e assimilabili, ivi compresi quelli adibiti a ricovero o cura di minori o anziani, nonché le strutture protette per l'assistenza e il recupero dei tossico-dipendenti e di altri soggetti affidati a servizi sociali pubblici, sono esclusi dal rispetto dei commi 1 e 2, limitatamente alle zone riservate alla permanenza e al trattamento medico dei degenti o degli ospiti. Per gli edifici adibiti a piscine, saune e assimilabili, per le sedi delle rappresentanze diplomatiche e di organizzazioni internazionali non ubicate in stabili condominiali, le autorità comunali possono concedere deroghe motivate ai limiti di temperatura dell'aria negli ambienti di cui ai commi 1 e 2, qualora elementi oggettivi o esigenze legati alla specifica destinazione d'uso giustifichino temperature diverse di detti valori.

5. Per gli edifici adibiti ad attività industriali, artigianali e assimilabili, le autorità comunali possono concedere deroghe ai limiti di temperatura dell'aria negli ambienti di cui ai commi 1 e 2, qualora si verifichi almeno una delle seguenti condizioni:

a) le esigenze tecnologiche o di produzione richiedano temperature diverse dai valori limite;
b) b) l'energia termica per la climatizzazione estiva e invernale degli ambienti derivi da sorgente non convenientemente utilizzabile in altro modo.

Appendice C: Classificazione generale degli edifici per categorie (art. 3 DPR 26 agosto 1993, n. 412)

1. Gli edifici sono classificati in base alla loro destinazione d'uso nelle seguenti categorie:

E.1 Edifici adibiti a residenza e assimilabili:

    E.1 (1) abitazioni adibite a residenza con carattere continuativo, quali abitazioni civili e rurali, collegi, conventi, case di pena, caserme;
    E.1 (2) abitazioni adibite a residenza con occupazione saltuaria, quali case per vacanze, fine settimana e simili;
    E.1 (3) edifici adibiti ad albergo, pensione ed attività similari.

E.2 Edifici adibiti a uffici e assimilabili: pubblici o privati, indipendenti o contigui a costruzioni adibite anche ad attività industriali o artigianali, purché siano da tali costruzioni scorporabili agli effetti dell'isolamento termico;

E.3 Edifici adibiti a ospedali, cliniche o case di cura e assimilabili ivi compresi quelli adibiti a ricovero o cura di minori o anziani nonché le strutture protette per l'assistenza ed il recupero dei tossico-dipendenti e di altri soggetti affidati a servizi sociali pubblici;

E.4 Edifici adibiti ad attività ricreative, associative o di culto e assimilabili:

    E.4 (1) quali cinema e teatri, sale di riunione per congressi;
    E.4 (2) quali mostre, musei e biblioteche, luoghi di culto;
    E.4 (3) quali bar, ristoranti, sale da ballo.

E.5 Edifici adibiti ad attività commerciali e assimilabili: quali negozi, magazzini di vendita all'ingrosso o al minuto, supermercati, esposizioni;

E.6 Edifici adibiti ad attività sportive:

E.6 (1) piscine, saune e assimilabili;
E.6 (2) palestre e assimilabili;
E.6 (3) servizi di supporto alle attività sportive.

E.7 Edifici adibiti ad attività scolastiche a tutti i livelli e assimilabili;

E.8 Edifici adibiti ad attività industriali ed artigianali e assimilabili.

2. Qualora un edificio sia costituito da parti individuabili come appartenenti a categorie diverse, le stesse devono essere considerate separatamente e cioè ciascuna nella categoria che le compete.

Appendice D: Limiti di esercizio degli impianti termici per la climatizzazione invernale (art. 4 DPR 16 aprile 2013, n. 74)

1. Gli impianti termici destinati alla climatizzazione degli ambienti invernali sono condotti in modo che, durante il loro funzionamento, non siano superati i valori massimi di temperatura indicati all'articolo 3 del presente decreto.

2. L'esercizio degli impianti termici per la climatizzazione invernale è consentito con i seguenti limiti relativi al periodo annuale e alla durata giornaliera di attivazione, articolata anche in due o più sezioni:

   a) Zona A: ore 6 giornaliere dal 1° dicembre al 15 marzo;
   b) Zona B: ore 8 giornaliere dal 1° dicembre al 31 marzo;
   c) Zona C: ore 10 giornaliere dal 15 novembre al 31 marzo;
   d) Zona D: ore 12 giornaliere dal 1° novembre al 15 aprile;
   e) Zona E: ore 14 giornaliere dal 15 ottobre al 15 aprile;
   f) Zona F: nessuna limitazione.

3. Al di fuori di tali periodi, gli impianti termici possono essere attivati solo in presenza di situazioni climatiche che ne giustifichino l'esercizio e, comunque, con una durata giornaliera non superiore alla metà di quella consentita in via ordinaria.
4. La durata giornaliera di attivazione degli impianti non ubicati nella zona F è compresa tra le ore 5 e le ore 23 di ciascun giorno. 5. Le disposizioni di cui ai commi 2, 3 e 4 non si applicano:

   a) agli edifici adibiti a ospedali, cliniche o case di cura e assimilabili ivi compresi quelli adibiti a ricovero o cura di minori o anziani, nonché alle strutture protette per l'assistenza ed il recupero dei tossico-dipendenti e di altri soggetti affidati a servizi sociali pubblici;
   b) alle sedi delle rappresentanze diplomatiche e di organizzazioni internazionali, che non siano ubicate in stabili condominiali;
   c) agli edifici adibiti a scuole materne e asili nido;
   d) agli edifici adibiti a piscine, saune e assimilabili;

e) agli edifici adibiti ad attività industriali ed artigianali e assimilabili, nei casi in cui ostino esigenze tecnologiche o di produzione. 6. Le disposizioni di cui ai commi 2, 3 e 4, limitatamente alla sola durata giornaliera di attivazione, non si applicano nei seguenti casi:

a) edifici adibiti a uffici e assimilabili, nonché edifici adibiti ad attività commerciali e assimilabili, limitatamente alle parti adibite a servizi senza interruzione giornaliera delle attività;

b) impianti termici che utilizzano calore proveniente da centrali di cogenerazione con produzione combinata di elettricità e calore;

c) impianti termici che utilizzano sistemi di riscaldamento di tipo a pannelli radianti incassati nell'opera muraria;

d) impianti termici al servizio di uno o più edifici dotati di circuito primario, volti esclusivamente ad alimentare gli edifici di cui alle deroghe previste al comma 5, per la produzione di acqua calda per usi igienici e sanitari, nonché al fine di mantenere la temperatura dell'acqua nel circuito primario al valore necessario a garantire il funzionamento dei circuiti secondari nei tempi previsti;

e) impianti termici al servizio di più unità immobiliari residenziali e assimilate dotati di gruppo termoregolatore pilotato da una sonda di rilevamento della temperatura esterna con programmatore che consenta la regolazione almeno su due livelli della temperatura ambiente nell'arco delle 24 ore; questi impianti possono essere condotti in esercizio continuo purché il programmatore giornaliero venga tarato e sigillato per il raggiungimento di una temperatura degli ambienti pari a 16°C + 2°C di tolleranza nelle ore al di fuori della durata giornaliera di attivazione di cui al comma 2 del presente articolo;

f) impianti termici al servizio di più unità immobiliari residenziali e assimilate nei quali sia installato e funzionante, in ogni singola unità immobiliare, un sistema di contabilizzazione del calore e un sistema di termoregolazione della temperatura ambiente dell'unità immobiliare stessa dotato di un programmatore che consenta la regolazione almeno su due livelli di detta temperatura nell'arco delle 24 ore;

g) impianti termici per singole unità immobiliari residenziali e assimilate dotati di un sistema di termoregolazione della temperatura ambiente con programmatore giornaliero che consenta la regolazione di detta temperatura almeno su due livelli nell'arco delle 24 ore nonché lo spegnimento del generatore di calore sulla base delle necessità dell'utente;

h) impianti termici condotti mediante "contratti di servizio energia" ove i corrispettivi sono correlati al raggiungimento del comfort ambientale nei limiti consentiti dal presente regolamento, purché si provveda, durante le ore al di fuori della durata di attivazione degli impianti consentita dai commi 2 e 3, ad attenuare la potenza erogata dall'impianto nei limiti indicati alla lettera e). 7. Presso ogni impianto termico al servizio di più unità immobiliari residenziali e assimilate, il proprietario o l'amministratore espongono una tabella contenente:

a) l'indicazione del periodo annuale di esercizio dell'impianto termico e dell'orario di attivazione giornaliera prescelto;

b) le generalità e il recapito del responsabile dell'impianto termico;

c) il codice dell'impianto assegnato dal Catasto territoriale degli impianti termici istituito dalla Regione o Provincia autonoma ai sensi dell'articolo 10, comma 4, lettera a).

Appendice E: Misurazione e fatturazione dei consumi energetici (art. 9 D.Lgs. 4 luglio 2014, n. 102)

1. Fatto salvo quanto previsto dal comma 6-quater dell'articolo 1 del decreto-legge 23 dicembre 2013, n. 145, convertito, con modificazioni, dalla legge 21 febbraio 2014, n. 9, e da altri provvedimenti normativi e di regolazione già adottati in materia, l'Autorità per l'energia elettrica, il gas ed il sistema idrico, previa definizione di criteri concernenti la fattibilità tecnica ed economica, anche in relazione ai risparmi energetici potenziali, individua le modalità con cui gli esercenti l'attività di misura:

   a) forniscono ai clienti finali di energia elettrica e gas naturale, teleriscaldamento, teleraffreddamento ed acqua calda per uso domestico contatori individuali che riflettono con precisione il consumo effettivo e forniscono informazioni sul tempo effettivo di utilizzo dell'energia;

   b) forniscono ai clienti finali di energia elettrica e gas naturale, teleriscaldamento, teleraffreddamento ed acqua calda per uso domestico contatori individuali di cui alla lettera a), in sostituzione di quelli esistenti anche in occasione di nuovi allacci in nuovi edifici o a seguito di importanti ristrutturazioni, come previsto dal decreto legislativo 19 agosto 2005, n. 192, e successive modificazioni.

2. L'Autorità per l'energia elettrica, il gas e il sistema idrico adotta i provvedimenti di cui alle lettere a) e b) del comma 1, entro dodici mesi dalla data di entrata in vigore del presente decreto per quanto riguarda il settore elettrico e del gas naturale e entro ventiquattro mesi dalla medesima data per quanto riguarda il settore del teleriscaldamento, teleraffrescamento e i consumi di acqua calda per uso domestico.

3. Fatto salvo quanto già previsto dal decreto legislativo 1° giugno 2011, n. 93 e nella prospettiva di un progressivo miglioramento delle prestazioni dei sistemi di misurazione intelligenti e dei contatori intelligenti, introdotti conformemente alle direttive 2009/72/CE e 2009/73/CE, al fine di renderli sempre più aderenti

alle esigenze del cliente finale, l'Autorità per l'energia elettrica, il gas ed il sistema idrico, con uno o più provvedimenti da adottare entro ventiquattro mesi dalla data di entrata in vigore del presente decreto, tenuto conto dello standard internazionale IEC 62056 e della raccomandazione della Commissione europea 2012/148/UE, predispone le specifiche abilitanti dei sistemi di misurazione intelligenti, a cui le imprese distributrici in qualità di esercenti l'attività di misura sono tenuti ad uniformarsi, affinché:

a) i sistemi di misurazione intelligenti forniscano ai clienti finali informazioni sul tempo effettivo di utilizzo e gli obiettivi di efficienza energetica e i benefici per i consumatori finali siano pienamente considerati nella definizione delle funzionalità minime dei contatori e degli obblighi imposti agli operatori di mercato;
b) sia garantita la sicurezza dei contatori, la sicurezza nella comunicazione dei dati e la riservatezza dei dati misurati al momento della loro raccolta, conservazione, elaborazione e comunicazione, in conformità alla normativa vigente in materia di protezione dei dati. Ferme restando le responsabilità degli esercenti dell'attività di misura previste dalla normativa vigente, l'Autorità per l'energia elettrica, il gas e il sistema idrico assicura il trattamento dei dati storici di proprietà del cliente finale attraverso apposite strutture indipendenti rispetto agli operatori di mercato, ai distributori e ad ogni altro soggetto, anche cliente finale, con interessi specifici nel settore energetico o in potenziale conflitto di interessi, anche attraverso i propri azionisti, secondo criteri di efficienza e semplificazione;
c) nel caso dell'energia elettrica e su richiesta del cliente finale, i contatori siano in grado di tenere conto anche dell'energia elettrica immessa nella rete direttamente dal cliente finale;
d) nel caso in cui il cliente finale lo richieda, i dati del contatore relativi all'immissione e al prelievo di energia elettrica siano messi a sua disposizione o, su sua richiesta formale, a disposizione di un soggetto terzo univocamente designato che agisce a suo nome, in un formato facilmente comprensibile che possa essere utilizzato per confrontare offerte comparabili;
e) siano adeguatamente considerate le funzionalità necessarie ai fini di quanto previsto all'articolo 11.

4. L'Autorità per l'energia elettrica, il gas e il sistema idrico provvede affinché gli esercenti l'attività di misura dell'energia elettrica e del gas naturale assicurino che, sin dal momento dell'installazione dei contatori, i clienti finali ottengano informazioni adeguate con riferimento alla lettura dei dati ed al monitoraggio del consumo energetico.
5. Per favorire il contenimento dei consumi energetici attraverso la contabilizzazione dei consumi individuali e la suddivisione delle spese in base ai consumi effettivi di ciascun centro di consumo individuale:

   a) qualora il riscaldamento, il raffreddamento o la fornitura di acqua calda per un edificio siano effettuati da una rete di teleriscaldamento o da un sistema di fornitura centralizzato che alimenta una pluralità di edifici, è obbligatoria entro il 31 dicembre 2016 l'installazione da parte delle imprese di fornitura del servizio di un contatore di fornitura di calore in corrispondenza dello scambiatore di calore collegato alla rete o del punto di fornitura;

   b) nei condomini e negli edifici polifunzionali riforniti da una fonte di riscaldamento o raffreddamento centralizzata o da una rete di teleriscaldamento o da un sistema di fornitura centralizzato che alimenta una pluralità di edifici, è obbligatoria l'installazione entro il 31 dicembre 2016 da parte delle imprese di fornitura del servizio di contatori individuali per misurare l'effettivo consumo di calore o di raffreddamento o di acqua calda per ciascuna unità immobiliare, nella misura in cui sia tecnicamente possibile, efficiente in termini di costi e proporzionato rispetto ai risparmi energetici potenziali. L'efficienza in termini di costi può essere valutata con riferimento alla metodologia indicata nella norma UNI EN 15459. Eventuali casi di impossibilità tecnica alla installazione dei suddetti sistemi di contabilizzazione devono essere riportati in apposita relazione tecnica del progettista o del tecnico abilitato;

   c) nei casi in cui l'uso di contatori individuali non sia tecnicamente possibile o non sia efficiente in termini di costi, per la misura del riscaldamento si ricorre all'installazione di sistemi di termoregolazione e contabilizzazione del calore individuali per misurare il consumo di calore in corrispondenza a ciascun radiatore posto all'interno delle unità immobiliari dei condomini o degli edifici polifunzionali, ((secondo quanto previsto dalle norme tecniche vigenti)), con esclusione di quelli situati negli spazi comuni degli edifici, salvo che l'installazione di tali sistemi risulti essere non efficiente in termini di costi con riferimento alla metodologia indicata nella norma UNI EN 15459. In tali casi sono presi in considerazione metodi alternativi efficienti in termini di costi per la misurazione del consumo di calore. Il cliente finale può affidare la gestione del servizio di termoregolazione e contabilizzazione del calore ad altro operatore diverso dall'impresa di fornitura, secondo modalità stabilite dall'Autorità per l'energia elettrica, il gas e il sistema idrico, ferma restando la necessità di garantire la continuità nella misurazione del dato;

d) quando i condomini sono alimentati dal teleriscaldamento o teleraffreddamento o da sistemi comuni di riscaldamento o raffreddamento, per la corretta suddivisione delle spese connesse al consumo di calore per il riscaldamento degli appartamenti e delle aree comuni, qualora le scale e i corridoi siano dotati di radiatori, e all'uso di acqua calda per il fabbisogno domestico, se prodotta in modo centralizzato, l'importo complessivo deve essere suddiviso in relazione agli effettivi prelievi volontari di energia termica utile e ai costi generali per la manutenzione dell'impianto, secondo quanto previsto dalla norma tecnica UNI 10200 e successivi aggiornamenti. E' fatta salva la possibilità, per la prima stagione termica successiva all'installazione dei dispositivi di cui al presente comma, che la suddivisione si determini in base ai soli millesimi di proprietà.

6. Fatti salvi i provvedimenti normativi e di regolazione già adottati in materia, l'Autorità per l'energia elettrica, il gas ed il sistema idrico, con uno o più provvedimenti da adottare entro dodici mesi dalla data di entrata in vigore del presente decreto, individua le modalità con cui, se tecnicamente possibile ed economicamente giustificato:

a) le imprese di distribuzione ovvero le società di vendita di energia elettrica e di gas naturale al dettaglio provvedono, affinché, entro il 31 dicembre 2014, le informazioni sulle fatture emesse siano precise e fondate sul consumo effettivo di energia, secondo le seguenti modalità:

1) per consentire al cliente finale di regolare il proprio consumo di energia, la fatturazione deve avvenire sulla base del consumo effettivo almeno con cadenza annuale;

2) le informazioni sulla fatturazione devono essere rese disponibili almeno ogni bimestre;
3) l'obbligo di cui al numero 2) può essere soddisfatto anche con un sistema di autolettura periodica da parte dei clienti finali, in base al quale questi ultimi comunicano i dati dei propri consumi direttamente al fornitore di energia, esclusivamente nei casi in cui siano installati contatori non abilitati alla trasmissione dei dati per via telematica;
4) fermo restando quanto previsto al numero 1), la fatturazione si basa sul consumo stimato o un importo forfettario unicamente qualora il cliente finale non abbia comunicato la lettura del proprio contatore per un determinato periodo di fatturazione;
5) l'Autorità per l'energia elettrica, il gas ed il sistema idrico può esentare dai requisiti di cui ai numeri 1) e 2) il gas utilizzato solo ai fini di cottura.

b) le imprese di distribuzione ovvero le società di vendita di energia elettrica e di gas naturale al dettaglio, nel caso in cui siano installati contatori, conformemente alle direttive 2009/72/CE e 2009/73/CE, provvedono affinché i clienti finali abbiano la possibilità di accedere agevolmente a informazioni complementari sui consumi storici che consentano loro di effettuare controlli autonomi dettagliati. Le informazioni complementari sui consumi storici comprendono almeno:

1) dati cumulativi relativi ad almeno i tre anni precedenti o al periodo trascorso dall'inizio del contratto di fornitura, se inferiore. I dati devono corrispondere agli intervalli per i quali sono state fornite informazioni sulla fatturazione;
2) dati dettagliati corrispondenti al tempo di utilizzazione per ciascun giorno, mese e anno. Tali dati sono resi disponibili al cliente finale via internet o mediante l'interfaccia del contatore per un periodo che include almeno i 24 mesi precedenti o per il periodo trascorso dall'inizio del contratto di fornitura, se inferiore.

7. Fatti salvi i provvedimenti normativi e di regolazione già adottati in materia, l'Autorità per l'energia elettrica, il gas ed il sistema idrico, con uno o più provvedimenti da adottare entro diciotto mesi dalla data di entrata in vigore del

presente decreto, individua le modalità con cui le società di vendita di energia al dettaglio, indipendentemente dal fatto che i contatori intelligenti di cui alle direttive 2009/72/CE e 2009/73/CE siano installati o meno, provvedono affinché:

a) nella misura in cui sono disponibili, le informazioni relative alla fatturazione energetica e ai consumi storici dei clienti finali siano rese disponibili, su richiesta formale del cliente finale, a un fornitore di servizi energetici designato dal cliente finale stesso;
b) ai clienti finali sia offerta l'opzione di ricevere informazioni sulla fatturazione e bollette in via elettronica e sia fornita, su richiesta, una spiegazione chiara e comprensibile sul modo in cui la loro fattura è stata compilata, soprattutto qualora le fatture non siano basate sul consumo effettivo;
c) insieme alla fattura siano rese disponibili ai clienti finali le seguenti informazioni minime per presentare un resoconto globale dei costi energetici attuali:

   1) prezzi correnti effettivi e consumo energetico effettivo;
   2) confronti tra il consumo attuale di energia del cliente finale e il consumo nello stesso periodo dell'anno precedente, preferibilmente sotto forma di grafico;
   3) informazioni sui punti di contatto per le organizzazioni dei consumatori, le agenzie per l'energia o organismi analoghi, compresi i siti internet da cui si possono ottenere informazioni sulle misure di miglioramento dell'efficienza energetica disponibili, profili comparativi di utenza finale ovvero specifiche tecniche obiettive per le apparecchiature che utilizzano energia;

d) su richiesta del cliente finale, siano fornite, nelle fatture, informazioni aggiuntive, distinte dalla richieste di pagamento, per consentire la valutazione globale dei consumi energetici e vengano offerte soluzioni flessibili per i pagamenti effettivi;
e) le informazioni e le stime dei costi energetici siano fornite ai consumatori, su richiesta, tempestivamente e in un formato facilmente comprensibile che consenta ai consumatori di confrontare offerte comparabili. L'Autorità per l'energia elettrica, il gas ed il sistema idrico valuta le modalità più opportune per garantire che i clienti finali

accedano a confronti tra i propri consumi e quelli di un cliente finale medio o di riferimento della stessa categoria d'utenza.

8. L'Autorità per l'energia elettrica, il gas e il sistema idrico assicura che non siano applicati specifici corrispettivi ai clienti finali per la ricezione delle fatture, delle informazioni sulla fatturazione e per l'accesso ai dati relativi ai loro consumi. Nello svolgimento dei compiti ad essa assegnati dal presente articolo, al fine di evitare duplicazioni di attività e di costi, la stessa Autorità si avvale ove necessario del Sistema Informativo Integrato (SII) di cui all'articolo 1-bis del decreto-legge 8 luglio 2010, n. 105, convertito, con modificazioni, in legge 13 agosto 2010, n. 129, e della banca dati degli incentivi di cui all'articolo 15-bis del decreto-legge n. 63 del 2013, convertito con modificazioni in legge 3 agosto 2013, n. 90.

BIBLIOGRAFIA

- UNI/TS 11300-1:2014 Prestazioni energetiche degli edifici - Parte 1: Determinazione del fabbisogno di energia termica dell'edificio per la climatizzazione estiva ed invernale.
- UNI/TS 11300-2:2014 Prestazioni energetiche degli edifici - Parte 2: Determinazione del fabbisogno di energia primaria e dei rendimenti per la climatizzazione invernale e per la produzione di acqua calda sanitaria, per la ventilazione e per l'illuminazione.
- UNI/TS 11300-3:2010 Prestazioni energetiche degli edifici - Parte 3: Determinazione del fabbisogno di energia primaria e dei rendimenti per la climatizzazione estiva.
- UNI/TS 11300-4:2016 Prestazioni energetiche degli edifici - Parte 4: Utilizzo di energie rinnovabili e di altri metodi di generazione per la climatizzazione invernale e per la produzione di acqua calda sanitaria.
- UNI/TS 11300-5:2016 Prestazioni energetiche degli edifici - Parte 5: Calcolo dell'energia primaria e dalla quota di energia da fonti rinnovabili.
- UNI/TS 11300-6:2016 Prestazioni energetiche degli edifici - Parte 6: Determinazione del fabbisogno di energia per ascensori e scale mobili.
- UNI EN 15193:2008 Prestazione energetica degli edifici - Requisiti energetici per illuminazione.
- UNI EN ISO 6946:2008 Componenti ed elementi per edilizia – Resistenza termica e trasmittanza termica - Metodo di calcolo.
- UNI 10339:1995 Impianti aeraulici ai fini del benessere. Generalità classificazione e requisiti. Regole per la richiesta di offerta.
- UNI 10349-1:2016 Riscaldamento e raffrescamento degli edifici - Dati climatici - Parte 1: Medie mensili per la valutazione della prestazione termo-energetica dell'edificio e metodi per ripartire l'irradianza solare nella frazione diretta e diffusa e per calcolare l'irradianza solare su di una superficie inclinata.
- UNI/TR 10349-2:2016 Riscaldamento e raffrescamento degli edifici - Dati climatici - Parte 2: Dati di progetto.
- UNI 10349-3:2016 Riscaldamento e raffrescamento degli edifici - Dati climatici - Parte 3: Differenze di temperatura cumulate (gradi giorno) ed altri indici sintetici.
- UN EN 215:2007 Valvole termostatiche per radiatori - Requisiti e metodi di prova.

- UNI EN ISO 13789:2008 Prestazione termica degli edifici - Coefficiente di perdita di calore per trasmissione - Metodo di calcolo.
- UNI EN ISO 13786:2008 Prestazione termica dei componenti per edilizia - Caratteristiche termiche dinamiche – Metodi di calcolo.
- UNI EN ISO 13790:2008 Prestazione termica degli edifici - Calcolo del fabbisogno di energia per il riscaldamento e il raffrescamento.
- UNI EN ISO 10077-1:2007 Prestazione termica di finestre, porte e chiusure oscuranti - Calcolo della trasmittanza termica - Parte 1: Generalità
- UNI EN ISO 10077-2:2012 Prestazione termica di finestre, porte e chiusure - Calcolo della trasmittanza termica - Parte 2: Metodo numerico per i telai.
- UNI EN ISO 12567-2:2006 Isolamento termico di finestre e di porte - Determinazione della trasmittanza termica con il metodo della camera calda - Parte 2: Finestre da tetto e altre finestre sporgenti.
- UNI EN 12412-2:2004 Prestazione termica di finestre, porte e chiusure - Determinazione della trasmittanza termica con il metodo della camera calda - Telai.
- UNI EN ISO 12631:2012 Prestazione termica delle facciate continue - Calcolo della trasmittanza termica.
- UNI EN ISO 13370:2008 Prestazione termica degli edifici - Trasferimento di calore attraverso il terreno - Metodi di calcolo.
- UNI EN ISO 9972:2015 Prestazione termica degli edifici - Determinazione della permeabilità all'aria degli edifici - Metodo di pressurizzazione mediante ventilatore.
- UNI EN 15242:2008 Ventilazione degli edifici - Metodi di calcolo per la determinazione delle portate d'aria negli edifici, comprese le infiltrazioni.
- UNI EN 13779:2008 Ventilazione degli edifici non residenziali - Requisiti di prestazione per i sistemi di ventilazione e di climatizzazione.
- UNI EN 15251:2008 Criteri per la progettazione dell'ambiente interno e per la valutazione della prestazione energetica degli edifici, in relazione alla qualità dell'aria interna, all'ambiente termico, all'illuminazione e all'acustica.
- UNI EN 15316-2-1:2008 Impianti di riscaldamento degli edifici - Metodo per il calcolo dei requisiti energetici e dei rendimenti dell'impianto - Parte 2-1: Sistemi di emissione del calore negli ambienti.
- UNI EN 12831:2006 Impianti di riscaldamento negli edifici - Metodo di calcolo del carico termico di progetto.

- UNI EN 15232:2012 Prestazione energetica degli edifici - Incidenza dell'automazione, della regolazione e della gestione tecnica degli edifici.
- UNI EN ISO 10211:2008 Ponti termici in edilizia - Flussi termici e temperature superficiali - Calcoli dettagliati.
- UNI EN ISO 14683:2008 Ponti termici nelle costruzioni edili - Trasmittanza termica lineare - Metodi semplificati e valori di progetto.
- UNI EN ISO 13788:2013 Prestazione igrometrica dei componenti e degli elementi per l'edilizia. Temperatura superficiale interna per evitare l'umidità superficiale critica e condensa interstiziale - Metodo di calcolo.
- UNI EN 13363-1:2008 Dispositivi di protezione solare in combinazione con vetrate - Calcolo della trasmittanza totale e luminosa - Parte 1: Metodo semplificato.
- UNI EN 13363-2:2006 Dispositivi di protezione solare in combinazione con vetrate - Calcolo della trasmittanza totale e luminosa - Parte 2: Metodo di calcolo dettagliato.
- UNI EN 410:2011 Vetro per edilizia - Determinazione delle caratteristiche luminose e solari delle vetrate.
- UNI EN 673:2011 Vetro per edilizia - Determinazione della trasmittanza termica (valore U) – Metodo di calcolo.
- UNI EN 1745:2012 Muratura e prodotti per muratura - Metodi per determinare le proprietà termiche.
- UNI 10351:2015 Materiali e prodotti per edilizia - Proprietà termoigrometriche - Procedura per la scelta dei valori di progetto.
- UNI 10355:1994 Murature e solai – Valori di resistenza termica e metodo di calcolo.
- UNI EN ISO 10456:2008 Materiali e prodotti per edilizia - Proprietà igrometriche - Valori tabulati di progetto e procedimenti per la determinazione dei valori termici dichiarati e di progetto.
- UNI EN ISO 15927-6:2008 Prestazione termoigrometrica degli edifici - Calcolo e presentazione dei dati climatici - Parte 6: Differenze di temperatura cumulate (gradi giorno).
- UNI CEN/TR 16355:2012 Raccomandazioni per la prevenzione della crescita della legionella negli impianti all'interno degli edifici che convoglino acqua per il consumo umano.
- UNI/TR 11552:2014 Abaco delle strutture costituenti l'involucro opaco degli edifici. Parametri termofisici.
- Norme UNI ISO 3046.

- Abaco dei ponti termici realizzato dal Politecnico di Milano.
- Bollettino Ufficiale Regione Lombardia Serie Ordinaria n. 34 - 19 agosto 2015.
- Legge 30 aprile 1976, n. 373.
- Legge 29 maggio 1982, n. 308.
- Legge 9 gennaio 1991, n. 10.
- D.Lgs. 19 agosto 2005, n. 192
- D.Lgs. 29 dicembre 2006, n. 311.
- DPR 2 aprile 2009, n. 59.
- DM 26 giugno 2009.
- DPR 16 aprile 2013, n. 74.
- DPR 16 aprile 2013, n. 75.
- Legge 3 agosto 2013, n. 90.
- DM 26 giugno 2015.
- D.Lgs. 3 marzo 2011, n. 28.
- D.Lgs. 8 febbraio 2007, n. 20.
- D.Lgs. 4 luglio 2014, n. 102.
- DPR 26 agosto 1993, n. 412.
- D.P.C.M. 5 dicembre 1997.

www.ingramcontent.com/pod-product-compliance
Lightning Source LLC
Chambersburg PA
CBHW080908170526
45158CB00008B/2042